Matemática

Educação de jovens e adultos (EJA)

COLEÇÃO EJA: CIDADANIA COMPETENTE

inter
saberes

Carlos Alberto Maziozeki de Oliveira

Matemática
Educação de jovens e adultos (EJA)

2ª edição

interSaberes

Rua Clara Vendramin, 58 . Mossunguê . CEP 81200-170 . Curitiba . PR . Brasil
Fone: (41) 2106-4170 . www.intersaberes.com . editora@intersaberes.com

Conselho editorial Dr. Alexandre Coutinho Pagliarini
Drª Elena Godoy
Dr. Neri dos Santos
Mª Maria Lúcia Prado Sabatella

Editora-chefe Lindsay Azambuja

Gerente editorial Ariadne Nunes Wenger

Assistente editorial Daniela Viroli Pereira Pinto

Preparação de originais Lucas Cordeiro

Capa Charles L. da Silva

Projeto gráfico Mayra Yoshizawa (*design*)
Alex Landa/Shutterstock (*imagem*)

Diagramação Sincronia Design

Iconografia Palavra Arteira
Maria Elisa de Carvalho Sonda

1ª edição, 2016.
2ª edição, 2024.

Foi feito o depósito legal.

Informamos que é de inteira responsabilidade do autor a emissão de conceitos.

Nenhuma parte desta publicação poderá ser reproduzida por qualquer meio ou forma sem a prévia autorização da Editora InterSaberes.

A violação dos direitos autorais é crime estabelecido na Lei n. 9.610/1998 e punido pelo art. 184 do Código Penal.

Dados Internacionais de Catalogação na Publicação (CIP)
(Câmara Brasileira do Livro, SP, Brasil)

Oliveira, Carlos Alberto Maziozeki de
  Matemática (EJA) / Carlos Alberto Maziozeki de Oliveira. -- 2. ed. -- Curitiba, PR : InterSaberes, 2024. -- (Coleção EJA : cidadania competente ; v. 6)

  Bibliografia.
  ISBN 978-85-227-1498-8

  1. Educação de Jovens e Adultos 2. Matemática – Estudo e ensino I. Título. II. Série.

24-214992   CDD-510.7

Índices para catálogo sistemático:
1. Matemática : Estudo e ensino   510.7

Cibele Maria Dias – Bibliotecária – CRB-8/9427

Sumário

Apresentação 9

Parte I 11

1. Conjuntos, números e expressões 13
   1.1 Conjuntos 14
   1.2 Conjuntos numéricos 22
   1.3 Operações e expressões 26

2. Funções 33
   2.1 Teoria de funções 34
   2.2 Tipos de função 41
   2.3 Classificação das funções 47

3. Equações e funções: 1º e 2º grau 53
   3.1 Equações de primeiro grau 54
   3.2 Funções de primeiro grau 57
   3.3 Equações do segundo grau 61
   3.4 Funções do segundo grau 65

4. Progressões 73
   4.1 Progressões aritméticas 74
   4.2 Progressões geométricas (PG) 77

5. Potenciação, radiciação, equações e funções exponenciais 83

    5.1 Potenciação 84

    5.2 Equações exponenciais 86

    5.3 Funções exponenciais 89

    5.4 Propriedades da radiciação 93

    5.5 Produtos notáveis 97

6. Revisão de conteúdos 101

Parte II 107

7. Matrizes e determinantes 109

    7.1 Matrizes 110

    7.2 Matriz inversa 115

    7.3 Determinantes 120

    7.4 Teorema de Laplace 123

    7.5 Sistemas lineares 127

8. Relações métricas nos triângulos retângulos 131

    8.1 Triângulos retângulos 132

    8.2 Trigonometria no triângulo retângulo 135

    8.3 Triângulos quaisquer 139

9. Ciclo trigonométrico e funções trigonométricas 145

   9.1 Ciclo trigonométrico 146

   9.2 Funções trigonométricas 149

10. Geometria 155

    10.1 Geometria de posição e métrica 156

    10.2 Geometria espacial 163

    10.3 Geometria analítica 166

    10.4 Circunferência 170

11. Polinômios 175

    11.1 Conceito de polinômio 176

    11.2 Divisão de polinômios 179

12. Juros 183

    12.1 Juros simples e compostos 184

13. Revisão de conteúdos 189

Referências 195
Respostas 197
Sobre o autor 205

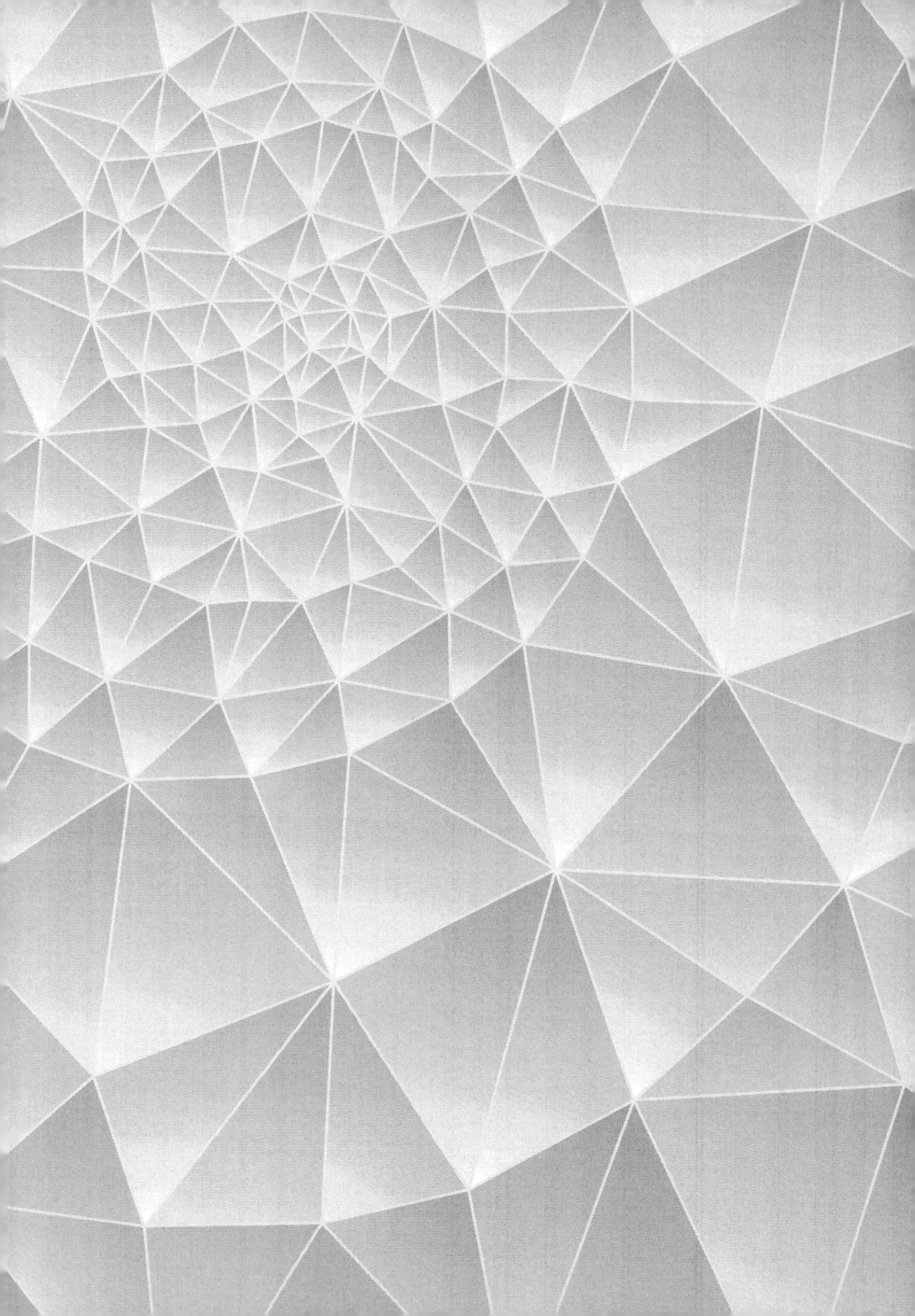

Apresentação

Ao escrever um material didático, a primeira coisa que nos vem à mente é seu público-alvo. Na composição desta obra, em nenhum momento tivemos a pretensão de chegar a um material definitivo, o qual servisse de base para todos os demais, mas de produzir um material que atraísse os alunos àquela que por vezes é considerada a matéria mais difícil.

Sempre que foi possível, optamos pela simplicidade. Dessa maneira, ainda que tenha escapado de certa rigidez matemática, esperamos que este material fomente a vontade de descobrir e desenvolver a nobre ciência de Gauss.

Bons estudos a todos.

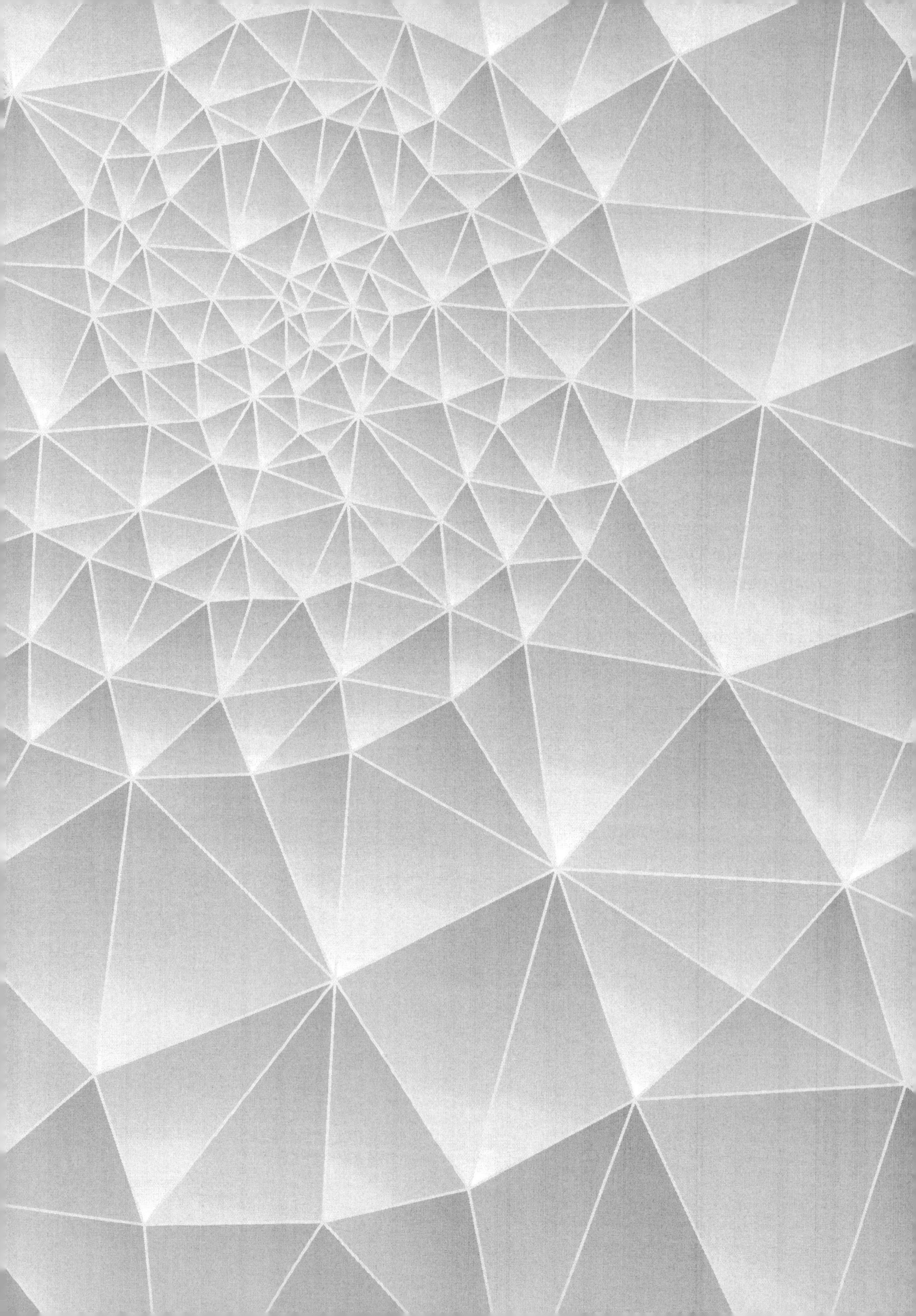

Parte I

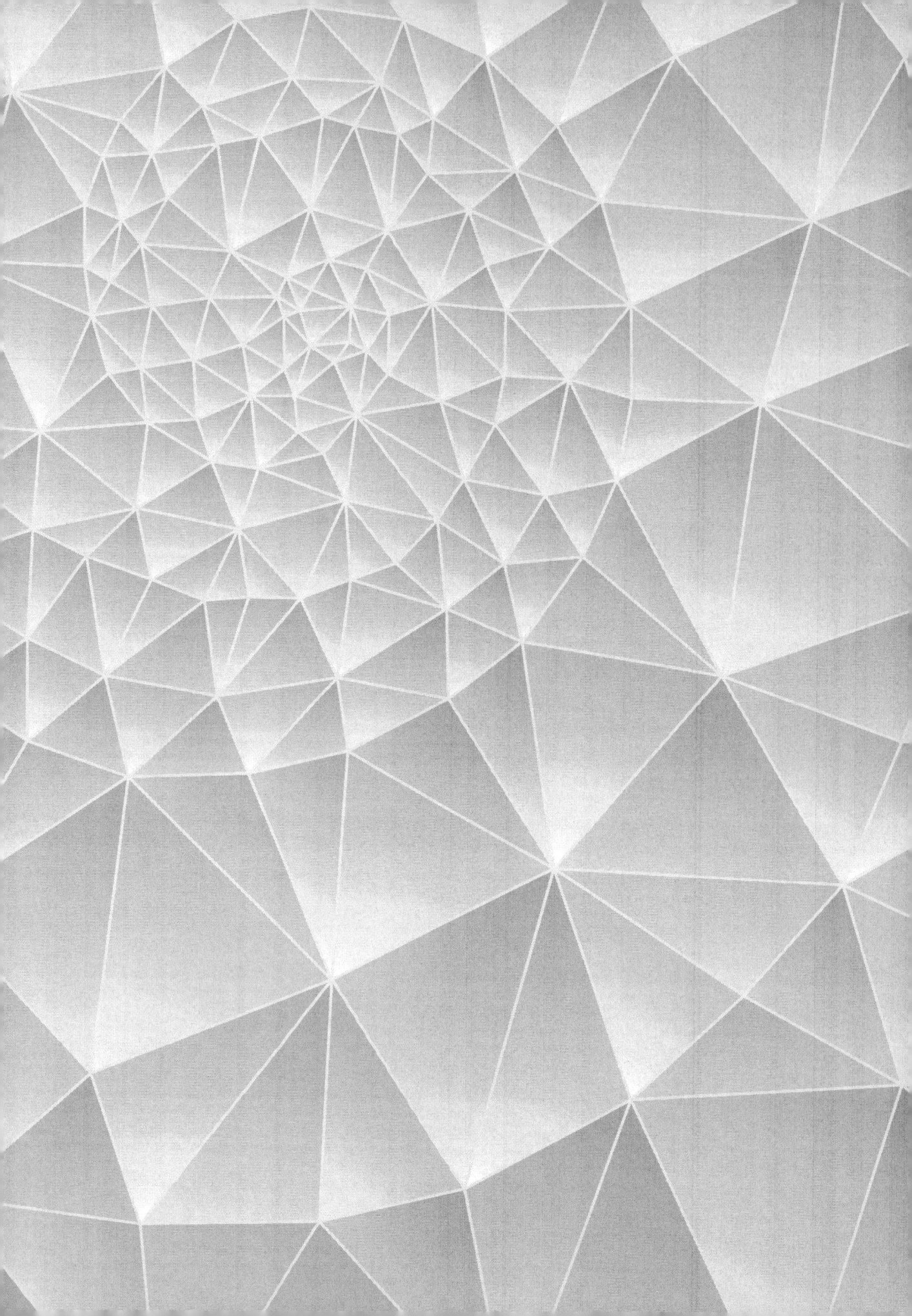

1.1 Conjuntos

Na década de 1970, em meio à Guerra Fria, avanços da então União das Repúblicas Socialistas Soviéticas (URSS) levaram os Estados Unidos a rever o currículo de Matemática. Surgiu aí a **matemática moderna**, que teve como principal componente uma teoria que unificava álgebra, aritmética e geometria: a **teoria de conjuntos**.

Mas o que são os conjuntos? *Conjunto* é um agrupamento de termos com características parecidas. Como comparação, pense numa coleção de objetos.

Para simbolizar os conjuntos usamos uma letra maiúscula do nosso alfabeto latino. Estudaremos agora as formas como os conjuntos podem ser representados.

1.1.1 Extensão ou enumeração

Os elementos são colocados entre parênteses ou chaves e separados por vírgula ou ponto e vírgula.

A = {1, 2, 3, 4} (conjunto com quatro elementos)

B = $\{-1, \frac{1}{2}, 4, \frac{1}{4}, ...\}$ (conjunto infinito)

C = {1,2; 1,3; 7,1; -1,99; 2} (conjunto com cinco elementos)

Observação

A **ordem** dos elementos não importa e eles nunca se repetem no conjunto.

1.1.2 Compreensão

Muitas vezes é mais fácil e rápido representar um conjunto por meio de uma propriedade:

D = {x | x é nota musical}
E = {x | x é planeta do sistema solar}
F = {x | x é número primo}
G = {x | x > -1}

Observação

A **barra (|)** lê-se: *tal que, de maneira que, de modo que*. Ou seja, o conjunto é formado por *x* elementos que apresentam determinadas propriedades.

1.1.3 Diagrama de Venn-Euler

A única diferença em relação à forma por extenso é que agora os elementos são apresentados por um diagrama, como balão, círculo, quadrado ou nuvem, ou seja, aparecem em um esquema geométrico.

1.1.5 Subconjuntos

Um conjunto pode estar dentro de outro (contido) ou não (não contido), da mesma maneira que pode ter outro dentro dele (contém) ou não (não contém).

Símbolos:

⊂ = está contido
⊃ = contém
⊄ = não está contido
⊅ = não contém

Dessa maneira:

$\{1, 2, 3\} \subset \{1, 2, 3, 4\}$. Lê-se: o $\{1, 2, 3\}$ está contido no $\{1, 2, 3, 4\}$

$\{1, 2, 3, 4\} \supset \{1, 2, 3\}$. Lê-se: o $\{1, 2, 3, 4\}$ contém o $\{1, 2, 3\}$.

$\{1, 3, 5\} \not\subset \{2, 3, 4\}$. Lê-se: o $\{1, 3, 5\}$ não está contido no $\{2, 3, 4\}$.

$\{2, 3, 4\} \not\supset \{1, 3, 5\}$. Lê-se: o $\{2, 3, 4\}$ não contém o $\{1, 3, 5\}$.

A parte aberta do símbolo deve estar voltada para o conjunto maior. Quando ambos têm o mesmo número de elementos, tanto faz usar os símbolos ⊂ ou ⊃.

Observações

1. Quando um conjunto não tem elementos, dizemos que ele é **vazio** e é representado por { } ou ∅.
2. O conjunto vazio é **subconjunto** de qualquer conjunto, inclusive dele mesmo.

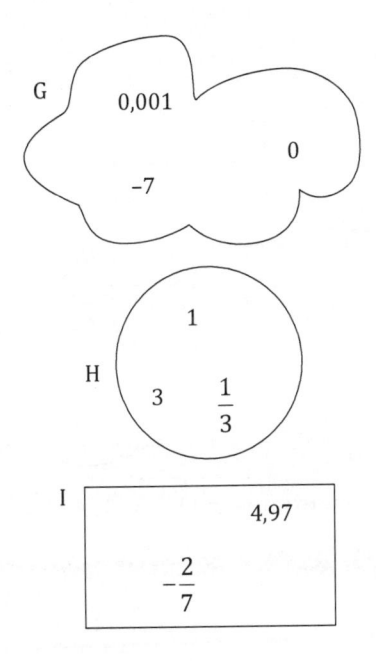

1.1.4 Pertinência

Relação entre um elemento e um conjunto: ou um elemento faz parte de um conjunto (pertence) ou não faz (não pertence).

Símbolos:

∈ = pertence
∉ = não pertence

Exemplos

$1 \in \{1, 2, 3, 4\}$
$1 \notin \{x \mid x \text{ é número par}\}$
$5 \in \{x \mid x \text{ é número ímpar}\}$
$10 \notin \{x \mid x \text{ é número primo}\}$

1.1.6 Igualdade de conjuntos

Os conjuntos A e B são iguais quando $A \subset B$ e $B \subset A$.

Assim, $\{1, 2\} \subset \{1, 2\}$ e $\{1, 2\} \supset \{1, 2\}$, logo $\{1, 2\} = \{1, 2\}$.

1.1.7 Operações com conjuntos

1.1.7.1 União (ou reunião) de conjuntos
Símbolo: $\cup$

Chamamos de **união de dois conjuntos A e B** ($A \cup B$) o conjunto formado por todos os elementos de A e de B.

Matematicamente:

$$A \cup B = \{x \in \mathbb{R} \mid x \in A \text{ ou } x \in B\}$$

Exemplos

$A = \{1, 2, 3\}$ e $B = \{1, 2\}$, então $A \cup B = \{1, 2, 3\}$

$A = \{-1, 0\}$ e $B = \{1, 2, 3, 4, 5\}$, então $A \cup B = \{-1, 0, 1, 2, 3, 4, 5\}$

$A = \{-1, 1\}$ e $B = \{-3, -2, -1, 0\}$, então $A \cup B = \{-3, -2, -1, 0, 1\}$

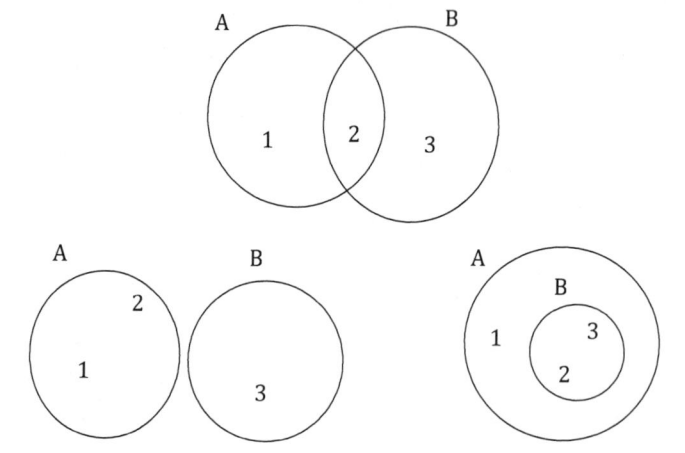

Nos diagramas apresentados, $A \cup B = \{1, 2, 3\}$.

1.1.7.2 Interseção de conjuntos
Símbolo: $\cap$

Chamamos de **interseção entre dois conjuntos A e B** ($A \cap B$) o conjunto formado pelos elementos comuns a ambos os conjuntos, ou seja, aqueles que aparecem nos dois **ao mesmo tempo**.

Matematicamente:

$$A \cap B = \{x \in \mathbb{R} \mid x \in A \text{ e } x \in B\}$$

Exemplos

$A = \{1, 2, 3\}$ e $B = \{1, 2\}$, então $A \cap B = \{1, 2\}$

$A = \{-1, 0\}$ e $B = \{1, 2, 3, 4, 5\}$, então $A \cap B = \{\ \}$ ou $A \cap B = \varnothing$

$A = \{-1, 1\}$ e $B = \{-3, -2, -1, 0\}$, então $A \cap B = \{-1\}$

$A \cap B = \{2\}$

$A \cap B = \varnothing$

$A \cap B = \{2, 3\}$

$A = \{-1, 0\}$ e $B = \{1, 2, 3, 4, 5\}$, então
$A - B = \{-1, 0\}$ e $B - A = \{1, 2, 3, 4, 5\}$

$A = \{-1, 1\}$ e $B = \{-3, -2, -1, 0\}$, então
$A - B = \{1\}$ e $B - A = \{-3, -2, 0\}$

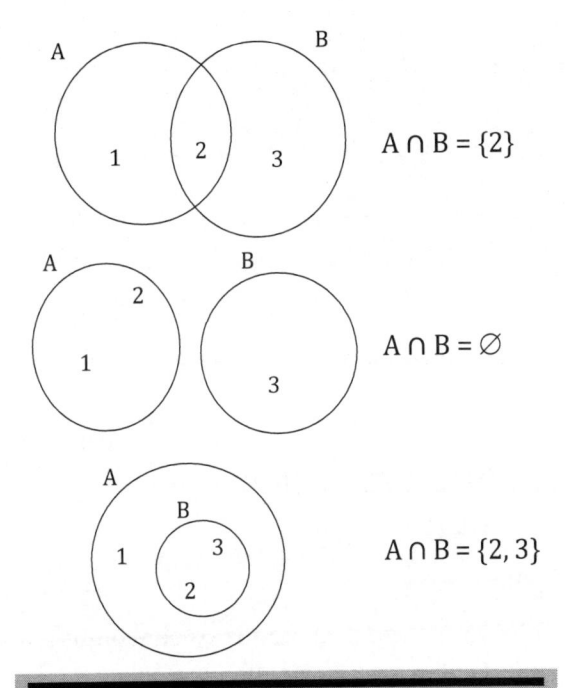

$A - B = \{1\}$
$B - A = \{3\}$

$A - B = \{1, 2\}$
$B - A = \{3\}$

$A - B = \{1\}$
$B - A = \{\ \}$

1.1.7.3 Diferença entre conjuntos
Símbolo: –

Pela **diferença de dois conjuntos A e B** chegamos a um terceiro conjunto, formado pelos elementos que pertencem ao conjunto A e não a B.

Matematicamente:

$A - B = \{x \in \mathbb{R} \mid x \in A \text{ e } x \notin B\}$

Exemplos

$A = \{1, 2, 3\}$ e $B = \{1, 2\}$, então $A - B = \{3\}$ e $B - A = \{\ \} = \varnothing$

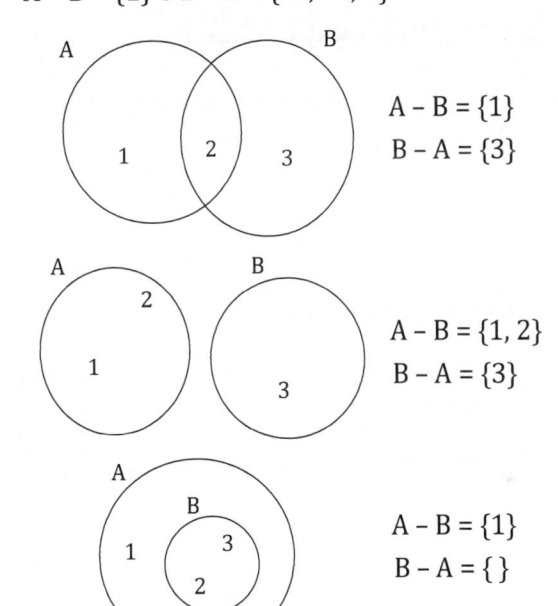

1.1.7.4 Complementar de um conjunto
Símbolo: C_A^B

Se $B \subset A$, então $C_A^B = A - B$, ou seja, se B for subconjunto de A, então o complementar de B em relação a A será calculado pela diferença de conjuntos A – B. De uma maneira informal, podemos dizer que o complementar é o conjunto dos elementos que faltam para que o menor conjunto se transforme no maior.

Exemplos

$A = \{1, 2, 3\}$ e $B = \{1, 2\}$, daí CBA = A − B = {3} e não existe CAB.

$A = \{-1, 0\}$ e $B = \{1, 2, 3, 4, 5\}$, não existe nem C_A^B nem C_B^A.

$A = \{-1, 1\}$ e $B = \{-3, -2, -1, 0\}$, não existe nem C_A^B nem C_B^A.

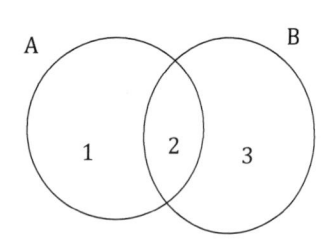

C_A^B não existe
C_B^A não existe

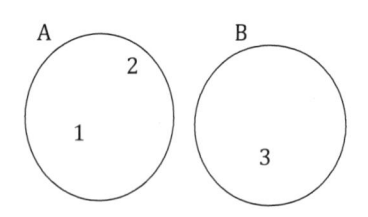

C_A^B não existe
C_B^A não existe

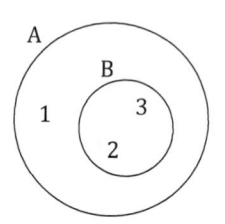

$C_A^B = \{1\}$
C_B^A não existe

1.1.8 Conjunto das partes de um conjunto

Símbolo: P

É o conjunto formado por todos os subconjuntos possíveis de um dado conjunto. Por definição, o conjunto vazio é subconjunto dele mesmo, ou seja, $\varnothing \subset \varnothing$.

Por exemplo, se $A = \{1, 2\}$, então $P(A) = \{\varnothing, \{1\}, \{2\}, \{1, 2\}\}$. O número de elementos do conjunto P(A) é dado por $nP(A) = 2^{n(A)}$. Ou seja, para chegarmos ao número de subconjuntos de um conjunto, basta calcularmos 2 elevado ao número de elementos do conjunto. Dessa maneira, sabendo que n(A) = 2, então $nP(A) = 2^2 = 4$.

Se calcularmos os subconjuntos das letras da palavra CASA, veremos que o conjunto será formado por {C, A, S}. Como esse conjunto tem 3 elementos, o número de subconjuntos será dado por $2^3 = 8$.

Observações

1. Muitas vezes, representamos as operações entre conjuntos como regiões dentro deles. Assim,

podemos representar as operações a seguir desta forma:

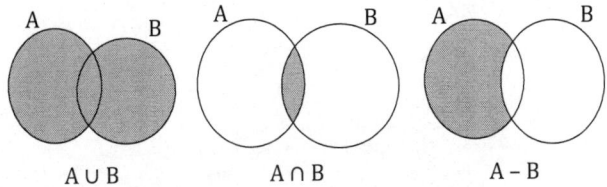

A ∪ B   A ∩ B   A − B

2. Exercícios que apresentam elementos de 2 ou 3 conjuntos são mais facilmente resolvidos quando representados por diagramas, começando pelas interseções.

Exemplos

I. Entre 100 pessoas pesquisadas, 60 usam a marca A e 70 a B. Sabendo que 50 usam ambas as marcas, quantas pessoas não usam nenhuma delas?

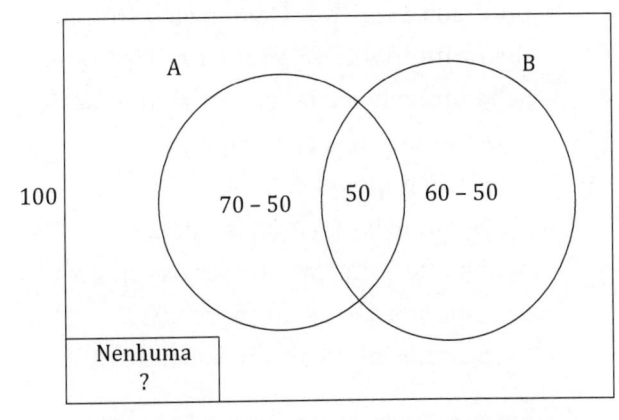

Assim, 20 + 50 + 10 + nenhuma = 100, logo 20 pessoas não utilizam nenhuma das marcas.

Resposta: 20 pessoas não usariam nenhuma delas.

II. Um jornal entrevistou certo número de pessoas sobre suas opções de viagem de férias e chegou às seguintes respostas:

- 40 pessoas disseram viajar à Europa;
- 40 pessoas preferiam os Estados Unidos;
- 35 pessoas desejam viajar pelo Brasil;
- 25 viajariam para Europa e Estados Unidos;
- 25 disseram que viajariam para Europa e Brasil;
- 20 viajariam para Brasil e Estados Unidos;
- 15 disseram que viajariam aos três destinos;
- 10 não gostam de viajar.

Quantas pessoas foram entrevistadas?

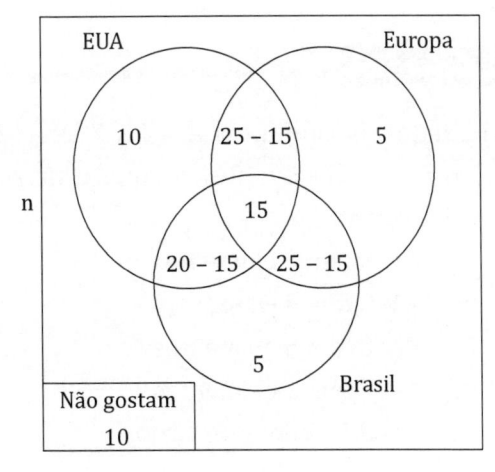

Assim,
n = 10 + 5 + 5 + 10 + 15 + 5 + 10 + 10 = 70.

Resposta: Ao todo 70 pessoas foram entrevistadas.

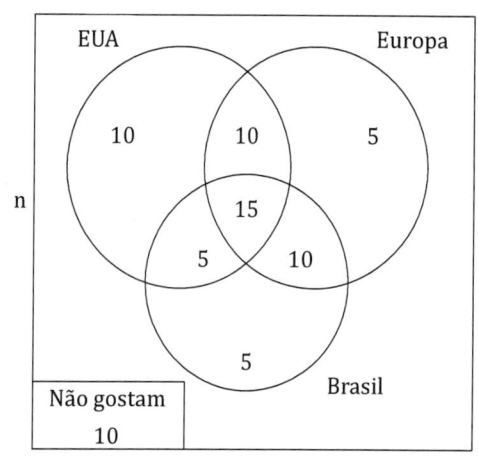

Exercícios

1) Dados os conjuntos A = {1, 2, 3, 4, 5}, B = {1, 3, 5} e C = {2, 4, 5}, qual a alternativa correta?
   a) A ∪ B tem 8 elementos.
   b) A ∪ C tem 8 elementos.
   c) B ∪ C tem 5 elementos.
   d) A ∩ B tem 2 elementos.
   e) C ∩ B é o conjunto vazio.

2) O desenho a seguir é a representação de:

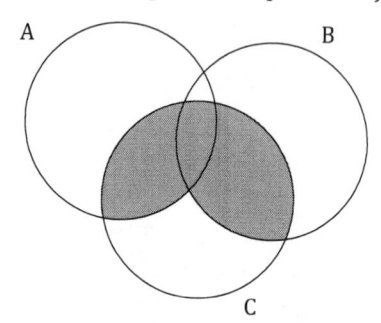

   DICA: Desenhe os três círculos e teste cada uma das alternativas até encontrar a correta.
   a) A ∪ B ∪ C.
   b) (A ∪ B) ∩ C.
   c) A ∩ B ∩ C.
   d) A − B.
   e) A − (B ∩ C).

3) Em uma sala de aula, todas as pessoas praticam esportes. Dentre elas, 20 praticam futebol e 15 praticam basquete. Sabendo que a sala tem 30 alunos, assinale a alternativa correta:
   a) Isso é impossível.
   b) Nenhum aluno pratica futebol.
   c) 5 alunos praticam ambos os esportes.
   d) 5 alunos não praticam esporte.
   e) 5 alunos praticam apenas futebol.

4) Em uma pesquisa sobre determinados produtos, foram apontados os seguintes resultados:

- 20 pessoas confiam no produto A;
- 30 pessoas confiam no produto B;
- 10 pessoas dizem confiar em ambos;
- 5 pessoas dizem não confiar em nenhum produto.

Qual o número de pessoas entrevistadas?
a) 45
b) 55
c) 50
d) 40
e) 35

5) Entre n pessoas pesquisadas sobre canais de televisão:
- 40 dizem assistir à TV1;
- 40 dizem assistir à TV2;
- 40 dizem assistir à TV3;
- 20 dizem assitir a TV2 e TV3;
- 18 dizem assistir a TV2 e TV1;
- 15 dizem assistir a TV1 e TV3;
- 10 dizem assisitr às três;
- 10 não assistem a nenhuma delas.

Quantas pessoas foram entrevistadas?
a) 84
b) 85
c) 86
d) 87
e) 88

6) Com os dados do exercício anterior, responda: qual o número de pessoas que assistem apenas a um canal de televisão?
a) 120
b) 80
c) 76
d) 58
e) 44

7) Assinale V (verdadeiro) ou F (falso):
( ) $1 \in \{x \mid x$ é número primo$\}$
( ) $2 \notin \{1, 2, 3, 4, 5, 6, 7, 8\}$
( ) $0 \in \{x \mid x$ é número par$\}$
( ) $-1 \notin \{-3, -2, 0, 1, 2, 3\}$
( ) $16 \in \{x \mid x$ é múltiplo de 2$\}$
( ) $2 \notin \{x \mid x$ é divisor de 15$\}$

8) Assinale V (verdadeiro) ou F (falso):
( ) $\{1, 3, 5\} \subset \{x \mid x$ é número ímpar$\}$
( ) $\{x \mid x$ é número par$\} \subset \{1, 2, 4, 8, 16\}$
( ) $\{x \mid x$ é divisor de 8$\} \not\subset \{x \mid x$ é número par$\}$
( ) $\{\ \} \subset \{1, 3, 5, 7, 9\}$
( ) $\{1, 2, 3, 4\} \subset \{1, 3, 5, 7\}$
( ) $\{a, b, c\} \supset \{a, b, c\}$

9) Considere A = {1, 2, 3} e B = {1, 2, 3, 4, 5}. Considere também que existe um conjunto C, de maneira que A ⊂ C ⊂ B. Quais dos conjuntos a seguir pode ser o C?
a) {1, 2, 3}
b) {1, 2, 3, 4}
c) {1, 2, 3, 5}

d) {1, 2, 3, 4, 5}
e) Todas as alternativas estão corretas.

10) O número de partes do conjunto A = {x | x é letra da palavra BANANA} é:
a) 8
b) 7
c) 6
d) 5
e) 4

1.2 Conjuntos numéricos

Desde os primeiros anos do ensino fundamental, a metodologia do ensino da matemática propõe que os conjuntos numéricos sejam apresentados separadamente, aos poucos. Só em seguida é que as operações aritméticas são trabalhadas nesses conjuntos.

1.2.1 Conjunto dos números naturais – $\mathbb{N}$

O conjunto dos números naturais ou de contagem é o conjunto apresentado a seguir:

$\mathbb{N}$ = {0, 1, 2, 3, 4, 5, ...}.

Observação

O símbolo * exclui o zero de qualquer conjunto numérico, assim:

$\mathbb{N}^*$ = {1, 2, 3, 4, 5, ...}

1.2.2 Conjunto dos números inteiros – $\mathbb{Z}$

É o conjunto formado pelos números naturais $\mathbb{N}$ e por todos os seus simétricos não nulos. Dois números inteiros são simétricos quando a sua soma é zero.

Dessa maneira, o conjunto dos inteiros, $\mathbb{Z}$, pode ser representado por:

$\mathbb{Z}$ = {..., –3, –2, –1, 0, 1, 2, 3, ...}, ou
$\mathbb{Z}^*$ = {..., –3, –2, –1, 1, 2, 3, ...}.

Quando os símbolos + ou – aparecem junto ao símbolo do conjunto, eles representam, nesta ordem, os conjuntos não negativo e não positivo. Assim:

$\mathbb{Z}_+$ = {0, 1, 2, 3, ...} é o conjunto dos inteiros não negativos, enquanto

$\mathbb{Z}_-$ = {..., –3, –2, –1, 0} é o conjunto dos inteiros não positivos.

Agora, considerando o conjunto dos inteiros positivos e negativos, temos, respectivamente:

$\mathbb{Z}_+^*$ = {1, 2, 3, 4, ...} e
$\mathbb{Z}_-^*$ = {..., –3, –2, –1}

1.2.3 Números racionais – $\mathbb{Q}$

São números que podem ser representados na forma de fração, com numerador e denominador inteiros e denominador não nulo. Desse modo, tanto os inteiros como os naturais são considerados racionais, pois podem, por exemplo, ser representados como fração de denominador 1. Matematicamente:

$$\mathbb{Q} = \{\frac{p}{q} \mid p \text{ e } q \in \mathbb{Z} \text{ e } q \neq 0\}.$$

Ou seja, trata-se de frações em que o numerador e o denominador são inteiros e o denominador não pode ser zero.

Dessa maneira, pertencem ao conjunto $\mathbb{Q}$:

- 3, pois pode ser escrito $\frac{6}{2}$;
- −5, pois pode ser escrito $-\frac{5}{1}$;
- 0, pois pode ser escrito $\frac{0}{67}$;
- 0,333333..., pois é o mesmo que $\frac{1}{3}$;
- 1,666666..., pois pode ser escrito como $\frac{5}{3}$.

Os últimos dois números acima são chamados de **dízimas periódicas** e a fração que os origina é chamada de **geratriz**.

1.2.4 Geratriz de uma dízima periódica

É possível encontrar a geratriz de uma dízima periódica de três maneiras diferentes. Nesse momento, no entanto, vamos nos ater a apenas uma regra: copiamos o período que se repete e dividimos cada termo repetido por 9. Vejamos alguns exemplos:

- $0{,}3333\ldots = \frac{3}{9}$
- $0{,}414141\ldots = \frac{41}{99}$
- $0{,}273273273\ldots = \frac{273}{999}$

Quando houver uma parte inteira, ela fica separada e encontramos o mínimo múltiplo comum (MMC) entre ela e a outra fração:

- $1{,}234234234\ldots = 1 + 0{,}234234234\ldots$
- $1{,}234234234\ldots = 1 + \frac{234}{999} = \frac{999 + 234}{999} = \frac{1\,233}{999}$

Quando há números que não fazem parte do período da dízima, copiamos o número até o primeiro período e subtraímos do número que não se repete; no denominador atribuímos um nove para cada algarismo do numerador e fazemos a diferença entre eles:

- $0{,}476666\ldots = \frac{476 - 47}{999 - 99} = \frac{429}{900}$
- $0{,}234111\ldots = \frac{2\,341 - 234}{9\,999 - 999} = \frac{2\,107}{9\,000}$
- $1{,}234111\ldots = 1 + \frac{2\,107}{9\,000} = \frac{11\,107}{9\,000}$

1.2.5 Conjunto dos números irracionais

O número π não é racional, pois sua representação decimal é infinita e não há repetição de algarismos de forma periódica (dízima periódica). Por isso, não pode ser escrito como fração com numerador e denominador inteiros.

Além do π, outros exemplos são as raízes $\sqrt{2}$, $\sqrt[8]{5}$, $\sqrt[5]{3}$ e o número de Euler.

Os números não racionais são chamados de **irracionais**. O símbolo dos números irracionais é $\mathbb{Q}'$ ou $\mathbb{R} - \mathbb{Q}$.

1.2.6 Números reais

À união de todos esses conjuntos chamamos de *números reais*:

$$\mathbb{N} \cup \mathbb{Z} \cup \mathbb{Q} \cup (\mathbb{R} - \mathbb{Q}) = \mathbb{R}$$

Observação

Não são reais as raízes de índices pares e radicandos negativos, por exemplo:

$$\sqrt{-1}, \sqrt[4]{-3}, \sqrt[100]{-0,1}$$

Esses números são chamados de **números complexos**.

1.2.7 Intervalos

Qual o próximo número real depois do zero? Seria o número 1? Não, pois o 0,1 é menor. Mas e quanto ao 0,01?.

Bom, é fácil perceber que isso continuará infinitamente. Assim, quando operamos com o conjunto dos reais, operacionalizamos através de segmentos de reta. Esses conjuntos são chamados **intervalos** e podem ser representados da seguinte forma:

$\{x \in \mathbb{R} \,/\, a < x < b\} = (a, b)$
$\{x \in \mathbb{R} \,/\, a \leq x < b\} = [a, b)$
$\{x \in \mathbb{R} \,/\, a < x \leq b\} = (a, b]$
$\{x \in \mathbb{R} \,/\, a \leq x \leq b\} = [a, b]$
$\{x \in \mathbb{R} \,/\, x \leq b\} = (-\infty, b]$
$\{x \in \mathbb{R} \,/\, a \leq x\} = [a, +\infty)$

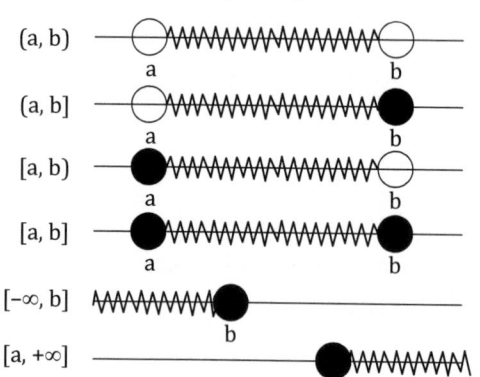

1.2.8 Operações com intervalos

As mesmas operações que fizemos com conjuntos finitos agora serão realizadas com conjuntos infinitos na forma de intervalos.

Seja A = [0,4] e B = [2,5], vamos calcular as operações a seguir.

União

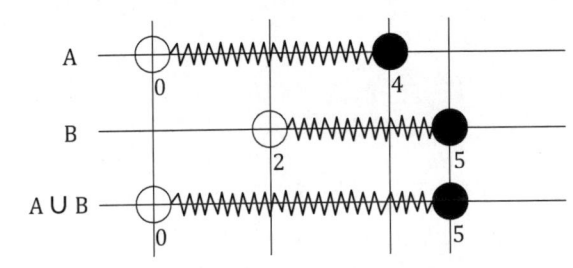

Assim, pertencerá à união qualquer elemento que faça parte de um dos dois conjuntos.

Interseção

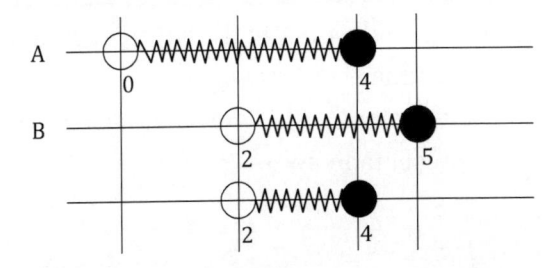

Note que só pertencerá à interseção os elementos que estiverem em **ambas** as retas ao mesmo tempo.

Diferença

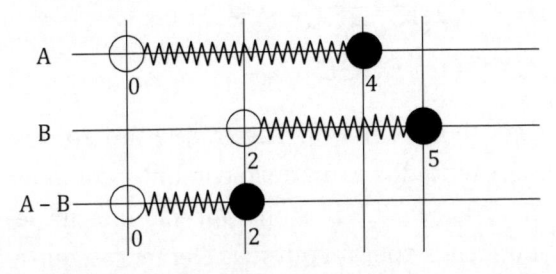

Para representar geometricamente a diferença, tomamos os elementos do primeiro conjunto e retiramos os do segundo. Na prática, desenhamos o primeiro e apagamos o segundo.

Exercícios

1) Qual das afirmações é falsa?
   a) $2 \in \mathbb{N}$
   b) $\dfrac{1}{2} \notin \mathbb{Z}$
   c) $0,1 \in \mathbb{Q}$
   d) $2 \in \mathbb{R} - \mathbb{Q}$
   e) $0 \in \mathbb{R}$

2) Todas as alternativas a seguir são verdadeiras, **exceto**:
   a) $\{1, 2\} \not\subset \mathbb{N}$
   b) $\{-3, -2, -1, 0\} \not\subset \mathbb{N}$
   c) $\{x \mid x \text{ é número ímpar}\} \subset \mathbb{N}$
   d) $\{x \mid x \text{ é número par}\} \subset \mathbb{Z}$
   e) $\{\pi, \sqrt{3}, e\} \not\subset \mathbb{Q}$

3) Qual é a geratriz da dízima 2,111...?
   a) $\dfrac{19}{9}$
   b) $\dfrac{17}{9}$
   c) $\dfrac{15}{9}$
   d) $\dfrac{13}{9}$
   e) $\dfrac{11}{9}$

4) Na reta numérica, qual dos números está mais à esquerda?
   a) 2,15
   b) −3,8
   c) π
   d) 0
   e) −0,38

5) Qual número pertence ao mesmo tempo aos intervalos A = (1, 5) e B = (5, 7)?
   a) 1
   b) 5
   c) 7
   d) 3
   e) Não existe.

6) Quantos números inteiros existem na solução da operação [1, 5) ∩ (2, 6)?
   a) 5
   b) 4
   c) 3
   d) 2
   e) 1

7) Após medir a altura das crianças da turma, o professor perguntou qual conjunto numérico é mais adequado para representar as alturas. A resposta correta é:
   a) $\mathbb{N}$
   b) $\mathbb{Z}$
   c) $\mathbb{Z}_+$
   d) $\mathbb{R} - \mathbb{Q}$
   e) $\mathbb{Q}$

8) A diferença entre $\mathbb{Z} - \mathbb{N}$ pode ser escrita como:
   a) $\mathbb{Z}$
   b) $\mathbb{N}$
   c) $\mathbb{Z}_-^*$
   d) $\mathbb{Z}^*$
   e) $\mathbb{Z}_+$

9) Qual número inteiro pertence à interseção dos intervalos [−1, 3) e (1, 5]?
   a) −1
   b) 2
   c) 3
   d) 4
   e) 5

10) Resolvendo uma equação do segundo grau, uma estudante de nono ano encontrou o valor $\sqrt{-16}$. Esse número pode ser representado por:
    a) 4
    b) −4
    c) 16
    d) −16
    e) um número não real.

1.3 Operações e expressões

Nas teorias matemáticas, quando somos apresentados a um novo conjunto, como os naturais, os inteiros etc., aprendemos na sequência a operar com seus elementos, que é o que veremos a seguir.

1.3.1 Operações com números inteiros

1.3.1.1 Adição e subtração

Sinais iguais: somamos os números e repetimos o sinal.

$$2 + 3 + 5 + 7 = +17$$
$$-3 - 7 - 4 - 8 = -22$$

Sinais diferentes: somamos todos os números que têm sinal positivo e repetimos o sinal; somamos todos os que têm sinal negativo e repetimos o sinal; por fim, fazemos a diferença entre o total positivo e o total negativo, repetindo na resposta o sinal do número maior.

$$-5 + 4 - 7 + 3 = -12 + 7 = -5$$
$$-3 - 2 - 1 + 3 + 4 + 7 = -6 + 14 = +8$$

1.3.1.2 Multiplicação e divisão

Multiplicamos ou dividimos os números e colocamos os sinais do resultado conforme a regra:

- Sinais iguais: +

  Sinais diferentes: −

  $(+3) \cdot (+2) \cdot (-1) \cdot (-4) = (+6) \cdot (-1) \cdot (-4) = (-6) \cdot (-4) = 24$

  $(-16) : (-1) : (-2) : (-4) = 16 : (-2) : (-4) = -8 : (-4) = 2$

1.3.1.3 Potenciação

É reduzida a uma multiplicação e segue as mesmas regras.

$$(-2)^3 = (-2) \cdot (-2) \cdot (-2) = (+4) \cdot (-2) = -8$$
$$5^4 = 5 \cdot 5 \cdot 5 \cdot 5 = 625$$

Observações
1. Para todo número x diferente de zero, $x^0 = 1$.
2. Qualquer que seja o número x, $x^1 = x$.

1.3.1.4 Radiciação

É a operação inversa da potenciação. Dessa maneira, calcular a raiz quadrada de número não negativo x é o mesmo que encontrar um número y que multiplicado por ele mesmo duas vezes seja x.

Em símbolos:
$\sqrt{x} = y$, pois $y \cdot y = x$

Exemplos

$\sqrt{16} = 4$, pois $4 \cdot 4 = 16$
$\sqrt{49} = 7$, pois $7 \cdot 7 = 49$

Observação

$\sqrt{-1}$, por exemplo, não é um número real, mas sim um número complexo.

1.3.2 Operações com números decimais

1.3.2.1 Adição e subtração

Igualamos o número de casas após as vírgulas e operamos como se fossem números inteiros:

−0,21 + 3,456 =
−0,210 + 3,456 = 3,246

1,302 − 4 =
1,302 − 4,000 = −2,698

−1 − 1,1 − 2,11 =
−1,00 − 1,10 − 2,11 = −3,21

1.3.2.2 Multiplicação

Multiplicamos como se fossem números inteiros. Depois, somamos as casas após a vírgula de cada fator, para chegar ao número de casas após a vírgula do produto.

0,302 · 4,31 = 1,30162

↓ ↓ ↓
3 casas 2 casas 5 casas

2,43 · (−0,0001) = −0,000243

↓ ↓ ↓
2 casas 4 casas 6 casas

1.3.2.3 Divisão

Igualamos as casas após a vírgula, eliminamos a vírgula e dividimos os números como se fossem inteiros.
(−0,42) : (−0,007) = (−0,420) : (−0,007) = −420 : (−7) = 60
0,0001 : (−0,25) = 0,0001 : (−0,2500) = 1 : (− 2 500)
= −0,0004

Também podemos fazer esses cálculos transformando números decimais em frações, por exemplo:

$$0,02 = \frac{2}{100}$$

$$0,4 = \frac{4}{10}$$

$$0,135 = \frac{135}{100}$$

1.3.3 Operações com frações

Em relações aos sinais, operamos como com os números inteiros.

1.3.3.1 Soma e subtração

Só é possível somar ou subtrair frações de mesmo denominador. Se os denominadores forem diferentes, devemos tirar o MMC, de modo a obter frações equivalentes com mesmo denominador.

$$\frac{1}{2} + \frac{2}{3} = \frac{3}{6} + \frac{4}{6} = \frac{3+4}{6} = \frac{7}{6}$$

$$\frac{-2}{5} + \frac{3}{7} = -\frac{14}{35} + \frac{15}{35} = \frac{-14+15}{35} = \frac{1}{35}$$

1.3.3.2 Multiplicação

Multiplicamos numeradores e denominadores entre si.

$$\frac{-3}{5} \cdot \frac{(-2)}{7} = \frac{6}{35}$$

$$\frac{4}{7} \cdot \frac{(-1)}{3} = \frac{-4}{21}$$

1.3.3.3 Divisão

Mantemos a fração do numerador e multiplicamos pelo inverso da fração do denominador.

$$\frac{\frac{-1}{3}}{\frac{2}{5}} = \frac{-1}{3} \cdot \frac{5}{2} = \frac{-5}{6}$$

$$\frac{\frac{-2}{7}}{\frac{-5}{3}} = \frac{-2}{7} \cdot \frac{(-3)}{5} = \frac{6}{35}$$

1.3.3.4 Potenciação

Elevamos separadamente numerador e denominador.

$$\left(\frac{2}{5}\right)^3 = \frac{2^3}{5^3} = \frac{2}{5} \cdot \frac{2}{5} \cdot \frac{2}{5} = \frac{8}{125}$$

$$\left(\frac{-1}{3}\right)^4 = \frac{(-1)^4}{3^4} =$$

$$= \frac{(-1)}{3} \cdot \frac{(-1)}{3} \cdot \frac{(-1)}{3} \cdot \frac{(-1)}{3} = \frac{1}{81}$$

1.3.3.5 Radiciação

Calculamos a raiz do numerador e do denominador separadamente.

$$\sqrt{\frac{4}{9}} = \frac{\sqrt{4}}{\sqrt{9}} = \frac{2}{3}$$

$$\sqrt{\frac{49}{81}} = \frac{\sqrt{49}}{\sqrt{81}} = \frac{7}{9}$$

1.3.4 Expressões matemáticas

Uma expressão matemática é uma combinação de números, operadores e variáveis. Quando, em uma expressão matemática, há muitas operações, operamos na seguinte ordem:

1º Raízes e potências;
2º Multiplicações e divisões;
3º Somas e subtrações.

Se aparecem duas operações de mesma importância, resolvemos primeiro a que estiver mais à esquerda.

Assim, 4 : 2 · 2 = 2 · 2 = 4, e não 4 : 2 · 2 = 4 : 4 = 1.

Da mesma forma, a ordem de importância em relação aos símbolos é:

1º ( ) parênteses,
2º [ ] colchetes,
3º { } chaves.

Exemplos

I. 4 : 2 + 2 : 2 = 2 + 1 = 3

II. 3 · [2 + 4 · (5 − 1) + 2] − 1 =
3 · [2 + 4 · 4 + 2] − 1 =
3 · [2 + 16 + 2] − 1 =
3 · [20] − 1 =
3 · 20 − 1 =
60 − 1 = 59

III. $\dfrac{2}{3} \cdot \left[\dfrac{1}{5} - \left(4 + \dfrac{1}{7}\right) \cdot \dfrac{(-1)}{3} \right] =$

$\dfrac{2}{3} \cdot \left[\dfrac{1}{5} - \left(\dfrac{28+1}{7}\right) \cdot \dfrac{(-1)}{3} \right] =$

$\dfrac{2}{3} \cdot \left[\dfrac{1}{5} - \dfrac{29}{7} \cdot \dfrac{(-1)}{3} \right] =$

$\dfrac{2}{3} \cdot \left[\dfrac{1}{5} + \dfrac{29}{21} \right] =$

$\dfrac{2}{3} \cdot \left[\dfrac{21 + 145}{105} \right] =$

$\dfrac{2}{3} \cdot \dfrac{166}{105} = \dfrac{332}{315}$

Exercícios

1) A expressão 2 + 2 + 2 + 2 + 2 : 2 tem como solução:
a) 9
b) 8
c) 7
d) 6
e) 5

2) Na expressão 2 + 4 : 2^2 − 5 · 1, qual a primeira operação a ser resolvida?
a) Soma.
b) Subtração.
c) Multiplicação.
d) Divisão.
e) Potenciação.

3) O resultado da expressão do exercício anterior é:
   a) –2
   b) –1
   c) 0
   d) 1
   e) 2

4) O MMC entre 3, 5 e 12 é:
   a) 180
   b) 90
   c) 60
   d) 30
   e) 10

5) Agora que você já conhece o MMC entre 3, 5 e 12, encontre o valor da expressão: $\frac{1}{3} + \frac{1}{12} - \frac{2}{5}$:
   a) $\frac{1}{180}$
   b) $\frac{1}{60}$
   c) $\frac{1}{90}$
   d) $\frac{1}{36}$
   e) $\frac{1}{30}$

6) A expressão $[2^2 \cdot 5^2 - 2 \cdot 3 + 5 \cdot (1+2) - 4] \cdot 0$ vale:
   a) –2
   b) –1
   c) 0
   d) 1
   e) 2

7) O resultado da adição de frações $\frac{2}{3} + \frac{7}{5} = \frac{9}{8}$ está errado. Qual o resultado correto?
   a) $\frac{31}{10}$
   b) $\frac{10}{31}$
   c) $\frac{8}{9}$
   d) $\frac{31}{15}$
   e) $\frac{9}{31}$

   DICA: lembre que se a ≠ 0, a⁰ = 1.

8) Chama-se *número misto* aquele que tem um valor inteiro e uma parte fracionária. O número $2\frac{3}{5}$, por exemplo, é um número misto. Sabendo que esse número vale o mesmo que $2 + \frac{3}{5}$, assinale o outro número misto que vale o mesmo que $2\frac{3}{5}$.
   a) $2\frac{3}{15}$
   b) $2\frac{2}{5}$
   c) $3\frac{2}{5}$

d) $5\frac{3}{2}$

e) $1\frac{0}{5}$

9) A expressão $\frac{1}{2}+\frac{2}{3}\cdot\left[\frac{3}{4}-\left(\frac{4}{3}+\frac{3}{2}\right)\right]$ é equivalente a:

a) $-\frac{9}{8}$

b) $-\frac{8}{9}$

c) $\frac{9}{8}$

d) $\frac{8}{9}$

e) $\frac{10}{9}$

10) Duas pessoas calcularam a expressão 4 : 2 + 2. O primeiro obteve como resposta 4, e o segundo, a resposta 1. Qual é a resposta correta?

a) 4
b) 3
c) 2
d) 1
e) 0

capítulo dois

2.1 Teoria de funções

Muitos dos fenômenos que percebemos todos os dias, como variações de mercado, fases da lua e gastos com contas de água ou luz, podem ser explicados através de gráficos matemáticos e estudados por meio de funções.

Neste estudo, desponta uma ideia intuitiva: encontrar variações de uma grandeza (tudo que pode ser medido) **em função** de uma ou mais grandezas. Exemplos:

1. O valor de uma corrida de táxi em função dos quilômetros rodados.
2. O valor da conta de luz em função dos minutos de uso.
3. A área de um polígono regular em função das medidas dos lados.

Quando encontramos uma grandeza em função de outra, na linguagem matemática dizemos que encontramos *o conjunto B em função do conjunto A*. Representamos essa ideia por f : A → B, A e B sendo subconjuntos dos reais (ir).

O conjunto A é chamado de **domínio da função**, e o conjunto B, de **contradomínio**.

Para representar graficamente as funções, chamamos os elementos do primeiro conjunto de *x* e do segundo de *y*.

2.1.1 Plano cartesiano

O plano cartesiano é formado por dois eixos orientados perpendiculares, um horizontal, chamado de *eixo Ox* (abscissas) e outro vertical, chamado de *eixo Oy* (ordenadas). Cada ponto do plano é representado por duas coordenadas: (x, y). O ponto O (0, 0) é chamado de *origem*.

Observe, a seguir como os pontos O(0, 0) origem, A(1, 1), B(5, 2), C(−3, −1), D(2, −2), E(−1, 3), F(−1, −3) foram representados no gráfico.

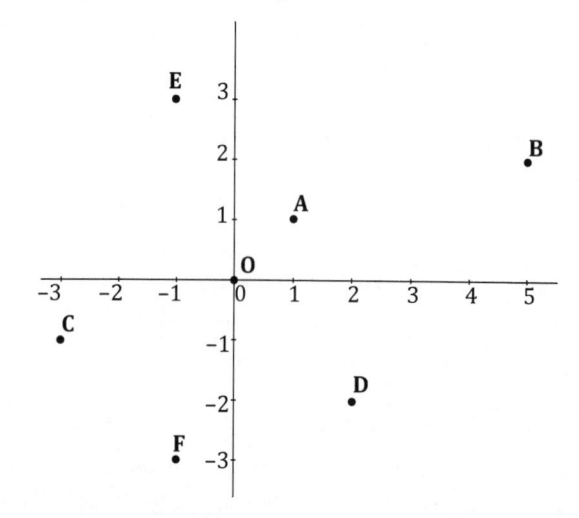

O plano cartesiano é dividido em quatro quadrantes. Os pontos do exemplo anterior pertencem aos seguintes quadrantes:

- I quadrante: A e B;
- II quadrante: E;
- III quadrante: C e F;
- IV quadrante: D.

O ponto O, que está sob os eixos, não pertence a nenhum quadrante.

2.1.2 Definição de função

Chama-se *função* uma relação entre dois conjuntos, em que:

1. todo elemento do primeiro conjunto pertence à relação;
2. cada elemento do primeiro conjunto se relaciona a um único elemento do segundo.

Dessa maneira, observe as relações a seguir.

- São exemplos de funções:

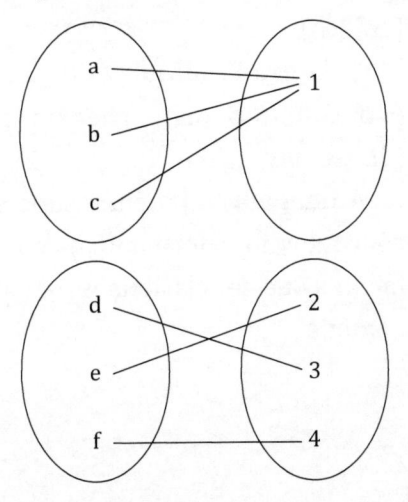

- Não são exemplo de funções:

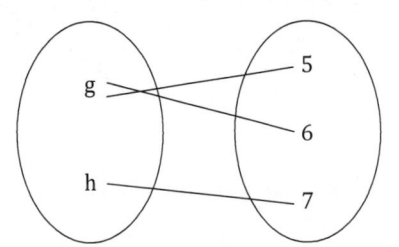

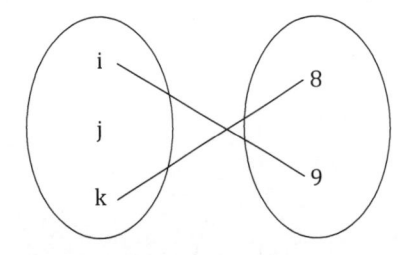

Para saber se os pontos de um gráfico pertencem ou não a uma função, traçamos uma linha vertical sobre o gráfico; se a linha cortar dois ou mais pontos, então não se trata de uma função, pois, nesse caso, há mais de uma imagem (y) para um mesmo valor do domínio (x). Caso contrário configura função.

- Observe a seguir alguns exemplos de função:

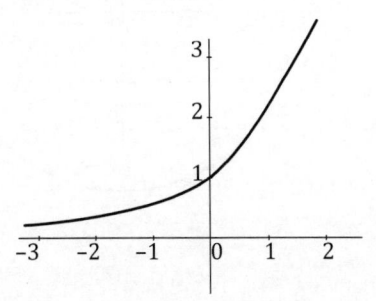

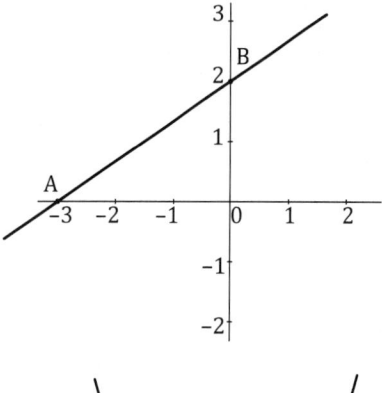

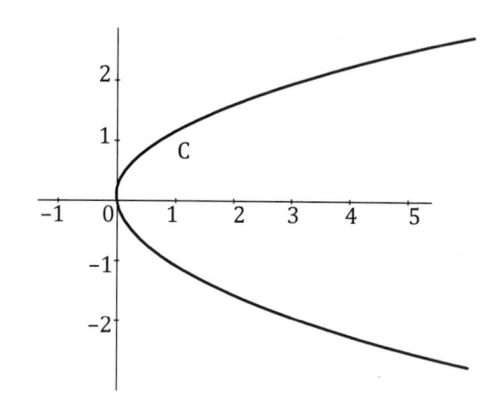

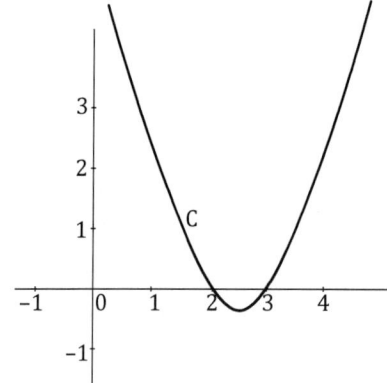

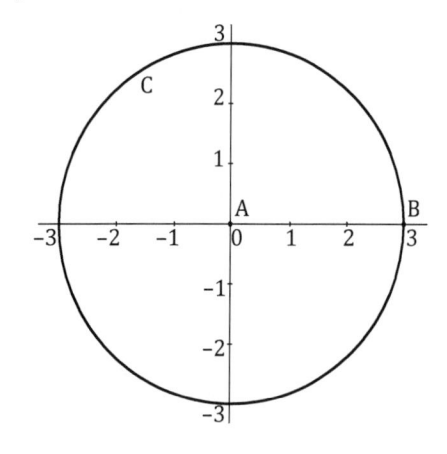

Nestes dois últimos exemplos, há muitas possibilidades de uma reta vertical cruzar o gráfico em dois pontos. Lembre-se de que só existe função se cada x do domínio apresentar apenas uma imagem.

2.1.3 Domínio, contradomínio e imagem de uma função

Estes, no entanto, não são exemplos de função:

O **domínio** de uma função – D(f) ou dom(f) – é o conjunto de onde partem as flechas (diagramas) ou os valores de x da função (gráfico)

O **contradomínio** – Cd(f) ou Cdom(f) – é o conjunto onde chegam as flechas (diagramas).

A **imagem** Im(f) é um subconjunto do contradomínio, formado apenas pelos elementos que se relacionam com algum x do domínio.

Em diagramas, a Im(f) é o conjunto formado apenas pelos elementos que receberam flechas. Assim, nestes diagramas estão representados:

- Dom(f) = {1, 2, 3, 4, 5, 6}
- CDom(f) = {−2, −3, −4, −5}
- Im(f) = {−2, −3}

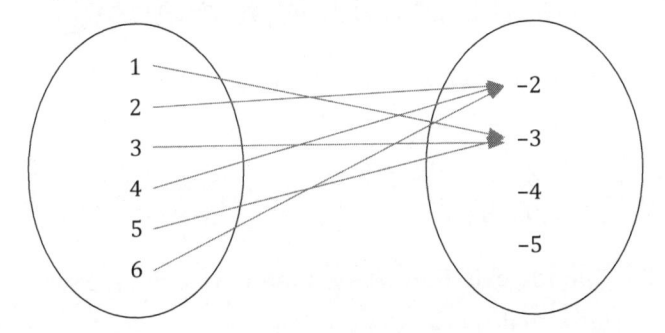

Para encontrar o domínio e a imagem nos gráficos, devemos conhecer um pouco mais sobre funções, estudo que desenvolveremos nos próximos capítulos. Todavia, apenas a título de ilustração, observe o gráfico a seguir:

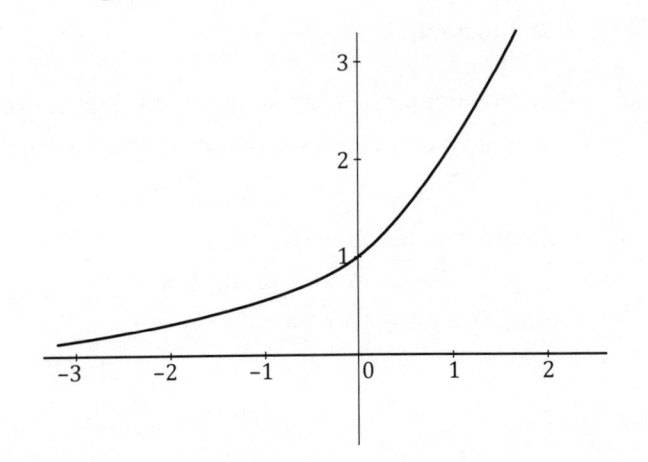

Esse gráfico representa uma função exponencial. Conhecendo suas propriedades, poderemos observar que:

- Dom(f): $\mathbb{R}$ (todos os números reais, ou seja, qualquer valor de x pode ser utilizado na função);
- Im(f): $\mathbb{R}^*$ (todos os reais não negativos: a função nunca será nem negativa nem igual a zero).

2.1.4 Valor numérico de uma função

Calcular o valor numérico de uma função é calcular a imagem y de um x. Para tal, basta substituir o valor x na função e encontrar $y = f(x)$.

Exemplos:

I. Seja $f(x) = x^2 - 2x + 1$, calcule:
   a) $f(1) = 1^2 - 2 \cdot 1 + 1 = 0$
   b) $f(2) = 2^2 - 2 \cdot 2 + 1 = 1$
   c) $f(-1) = (-1)^2 - 2 \cdot (-1) + 1 = 4$

II. Sendo $y = 3x - 2x^2$, encontre o valor da função para $x = 2$.
   Assim, $y = 3 \cdot 2 - 2 \cdot 2^2 =$
   $= 6 - 12 = -6$.
   Desse modo, $f(2) = -6$.

Observação

Se f(x) = 0, x é a **raiz da função**. Ou seja, para encontrar a raiz (ou o zero da função), basta igualar a expressão da função a zero.

2.1.5 Domínio de uma função

Como vimos, o domínio de uma função é representado pelos valores de x que podemos aplicar na função. Normalmente, dizemos que uma função é uma relação de $\mathbb{R}$ em $\mathbb{R}$ ou f: $\mathbb{R} \to \mathbb{R}$. Isso significa que tanto no domínio quanto no contradomínio todos os números são reais, mas há exceção.

Considere a seguinte função: $f(x) = \frac{1}{x}$.

Se x for 0, então $f(0) = \frac{1}{0}$ e não existe divisão por zero. Temos, portanto um caso de exceção. Assim, devemos explicitar o domínio como sendo dom(f) = $\mathbb{R} - \{0\}$ ou $\mathbb{R}^*$.

Outro exemplo é $f(x) = \sqrt{x}$. Perceba que essa função não permite que x seja negativo. Note que $f(-1) = \sqrt{-1}$ não é um número real. Logo, dom(f) = $\mathbb{R}_+$.

Observe que devemos excluir do domínio os valores para os quais a função não está definida.

2.1.6 Regras de cálculo do domínio

■ Toda função polinomial tem dom(f) = $\mathbb{R}$:
   a. $f(x) = x^2 - 6x$
   b. $f(x) = x^3 - 4x^2 + 6x - 1$
   c. $f(x) = 3 - 2x$

■ Quando existir um denominador, ele deverá ser diferente de zero:
   a. $f(x) = \frac{2x-3}{x+1}$, $x + 1 \neq 0$, assim $x \neq -1$

   Logo, dom(f) = $\{x \in \mathbb{R} / x \neq -1\}$ ou dom(f) = $\mathbb{R} - \{-1\}$.

   b. $y = \frac{2-2x}{x^2-4}$, $x^2 - 4$ deverá ser diferente de zero. Assim, dom(f) = $\mathbb{R} - \{-2, 2\}$.

■ Quando no numerador houver um radical de índice par, o radicando deverá ser maior ou igual a zero:
   a. $f(x) = \sqrt{x-2}$, $x - 2 \geq 0$, ou seja, $x \geq 2$; desse modo, dom(f) = $\{x \in \mathbb{R} / x \geq 2\}$.
   b. $f(x) = \sqrt[10]{4-x}$, $4 - x \geq 0$; assim, dom(f) = $x \in \mathbb{R} / 4 \geq x\}$.

Se o radical de índice par estiver no denominador, a expressão pode ser maior que zero.

a. $f(x) = \dfrac{5-x}{\sqrt{x-2}}$, $x - 2 > 0$; dessa maneira, dom$(f) = \{x \in \mathbb{R} / x > -2\}$

b. $f(x) = \dfrac{x+11}{\sqrt[10]{4-x}}$; assim, $4 - x > 0$; portanto, dom$(f) = \{x \in \mathbb{R} / 4 > -x\}$

Exercícios

1) Quais dos gráficos a seguir representam funções?

a)
b)
c)
d)
e)
f)

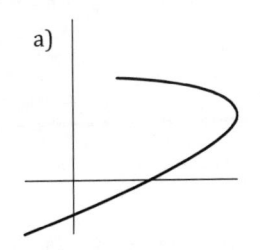

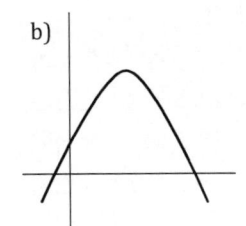

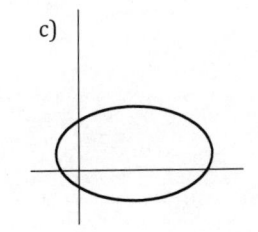

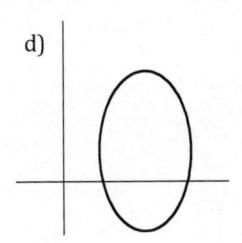

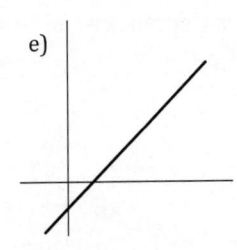

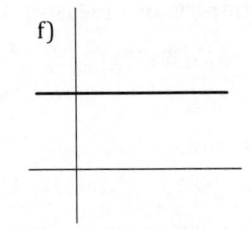

a) a, b, c, d, e, f.
b) a, b, c.
c) d, e, f.
d) b, e, f.
e) e, f.

2) Sendo $f(x) = 3 - 2x$, então $f(2) + f(-3)$ vale:
a) 8
b) 7
c) 6
d) 5
e) 4

3) As raízes da funções $f(x) = 2x - 3$, $g(x) = 1 - x$ e $h(x) = 2x - 6$ são, na ordem:
a) 1, 2 e 3.
b) $\dfrac{3}{2}$, -1 e 3.
c) $\dfrac{3}{2}$, 1 e -3.
d) $\dfrac{3}{2}$, 1 e 3.
e) $\dfrac{2}{3}$, 1 e 3.

4) Qual ou quais relações a seguir representam funções?

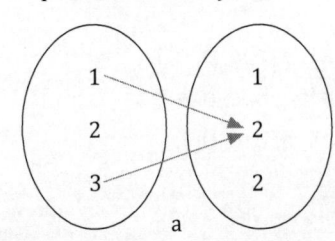

a

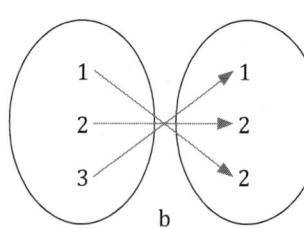

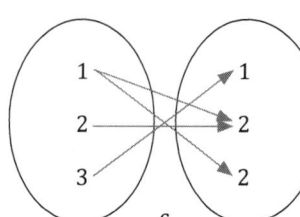

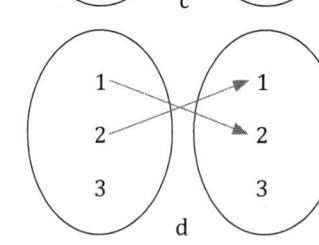

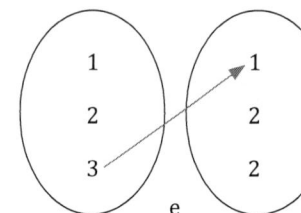

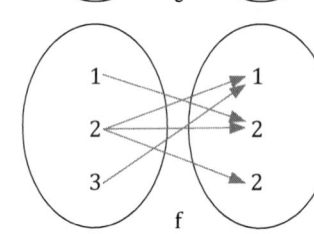

a) a, b, c, d, e, f.
b) a, b, c, d, e.
c) a, b, c, d, f.
d) a, b.
e) b.

5) A função $f(x) = \dfrac{2-x}{5+x}$ tem raiz real e também um valor para o qual ela não está definida. Nesta ordem, quais são esses números?
a) 2, 5
b) 2, −5
c) 5, −2
d) −5, 2
e) 5, 4

6) Qual o domínio da função $f(x) = \sqrt{2x-3}$?
a) $\mathbb{R}$
b) $\{x \in \mathbb{R} \:/\: x > 1,5\}$
c) $\{x \in \mathbb{R} \:/\: x < 1,5\}$
d) $\{x \in \mathbb{R} \:/\: x \geq 1,5\}$
e) $\{x \in \mathbb{R} \:/\: x \leq 1,5\}$

7) Qual dos valores a seguir é raiz de $f(x) = x^2 - 6x + 9$?
a) 3
b) 6
c) 9
d) −6
e) −9

8) Quantos números naturais pertencem ao domínio da função $f(x) = \dfrac{2-x}{\sqrt{5-x}}$?
a) Um.
b) Dois.
c) Três.
d) Quatro.
e) Cinco.

9) O número x = 5 não faz parte do domínio de uma das funções a seguir. Esta função é:
   a) $f(x) = x^2 - 5$
   b) $y = x - 5$
   c) $y = \dfrac{2x+3}{-x+9}$
   d) $f(x) = \sqrt{x-5}$
   e) $y = \dfrac{x-5}{5}$

10) Qual das funções a seguir tem como raiz x = 3?
    a) $f(x) = -x - 3$
    b) $f(x) = x^2 + 3x - 15$
    c) $y = 3x^2 - x$
    d) $f(x) = \dfrac{1}{x-3}$
    e) $y = x^2 - x - 12$

2.2 Tipos de função

Antes de abordarmos os tipos de função, precisamos ter bem claro um conceito utilizado na sua classificação: a **simetria**.

2.2.1 Simetria

Em matemática, quando falamos em *simetria*, pensamos sempre em um referencial. Por exemplo, os pontos B, C e D no gráfico a seguir são os simétricos do ponto A em relação aos eixos X, Y e em relação à origem, nessa ordem.

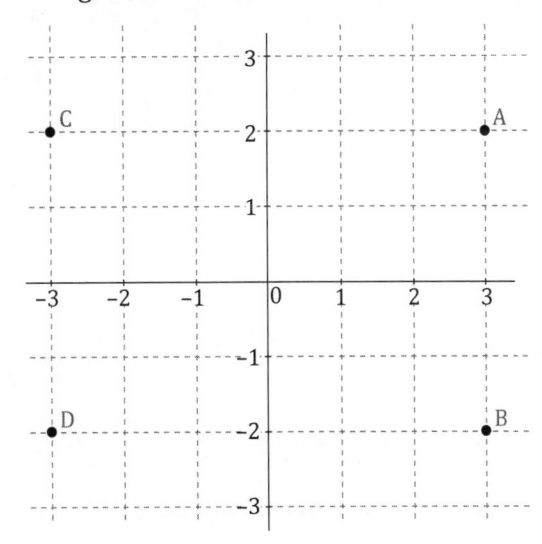

Em outras palavras, o simétrico de um ponto é outro ponto que está a uma mesma distância de certo referencial, só que do lado oposto.

2.2.2 Função par

Uma função é **par** se para todo *x* do seu domínio f(x) = f(-x). O gráfico desse tipo de função é simétrico em relação ao eixo Y.

Veja alguns exemplos:

a. $f(x) = \cos(x)$

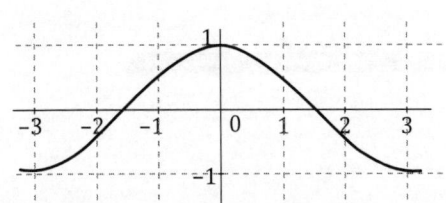

b. $y = x^2$

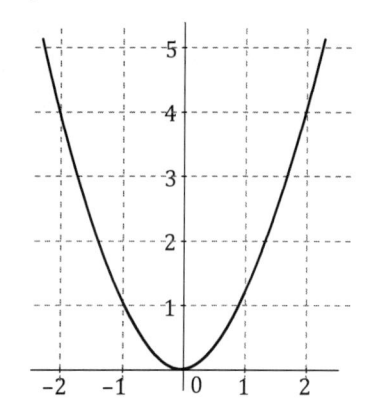

c. $f(x) = x^4 - x^2$

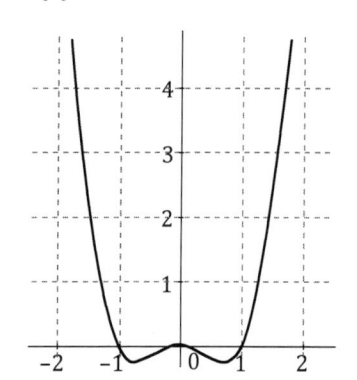

Observação

Uma função polinomial é par quando todos os expoentes da variável são pares. Assim, $f(x) = 2x^6 - 5x^4 + 3x^2$ é par, enquanto que $y = 2x^2 - 5x$ não é.

2.2.3 Função ímpar

Uma função é **ímpar** quando $f(x) = -f(-x)$. Em relação ao gráfico, o de uma função ímpar será simétrica em relação à origem.

a. $f(x) = x^3$

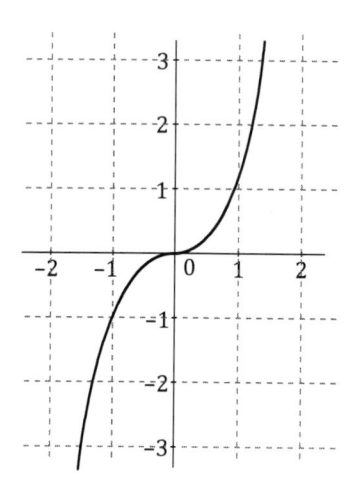

b. $f(x) = \dfrac{1}{x}$

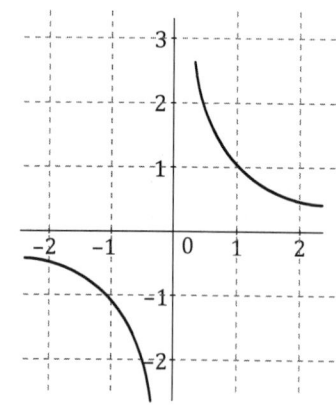

c. y = sen(x)

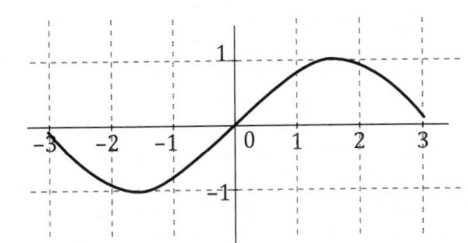

Observações

1. Uma função polinomial é ímpar quando todos os expoentes da variável forem ímpares. Desse modo, $f(x) = 2x^5 - 2x^3 - 5x$ é ímpar, mas $f(x) = 3x^3 - 4x + 1$ não é, pois pode ser escrita como $f(x) = 3x^3 - 4x + 1x^0$.
2. Quando a função não apresenta nenhuma dessas características, dizemos que ela **não é par nem ímpar**.

2.2.4 Crescimento de uma função

2.2.4.1 Função crescente

Quando para todo x do domínio $x_1 < x_2 \rightarrow f(x_1) < f(x_2)$, dizemos que a função é *crescente*. Observe os gráficos a seguir, característicos desse tipo de função.

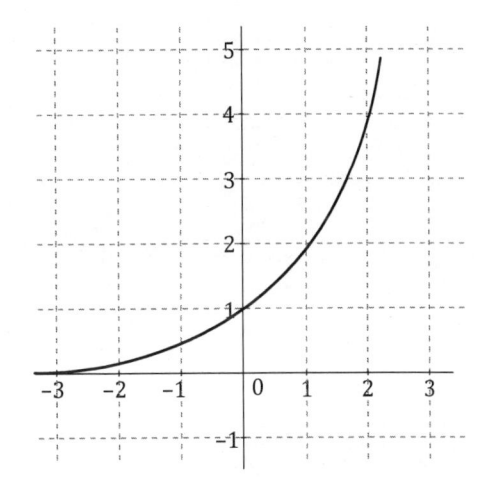

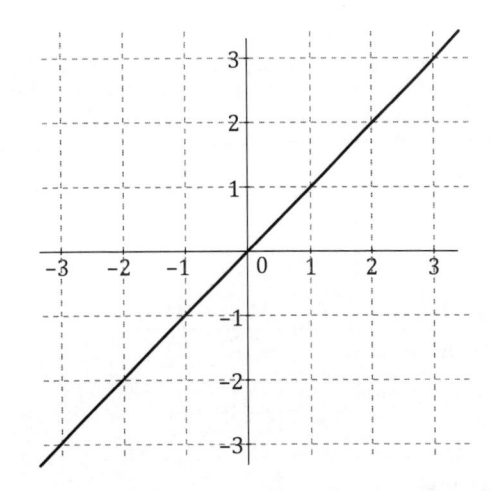

Na prática, basta analisar o gráfico da esquerda para a direita e verificar se ele está subindo.

2.2.4.2 Função decrescente

Quando, para todo x do domínio, $x_1 < x_2 \rightarrow f(x_1) > f(x_2)$, dizemos que a função é *decrescente*. Perceba que, nesse caso, os gráficos descem da esquerda para a direita.

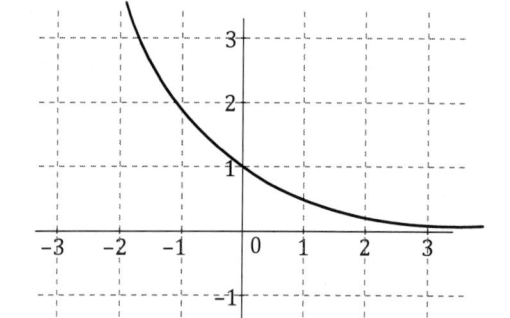

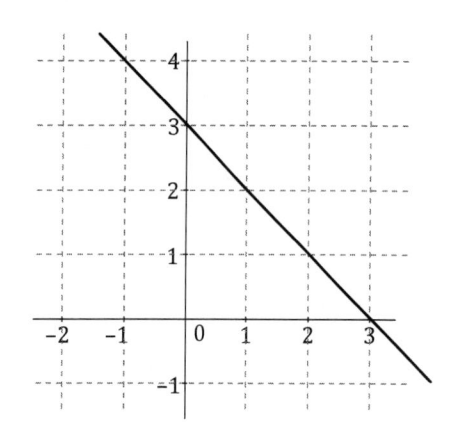

( ) $y = 3x^2 - 2$
( ) $y = -2x^3 - 5x + 1$
( ) $f(x) = \dfrac{1}{x}$

2) Identifique se os gráficos a seguir representam funções pares (P) ou ímpares (I):

( )   ( )

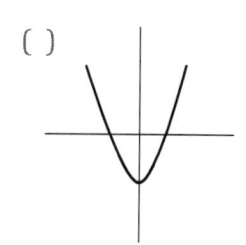

( )   ( )

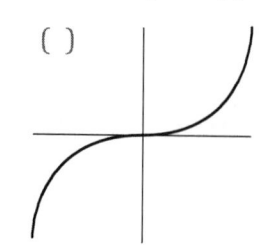

( )   ( )

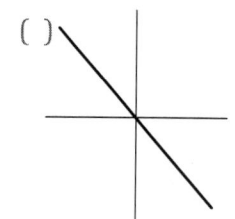

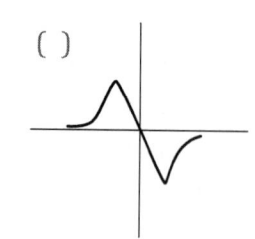

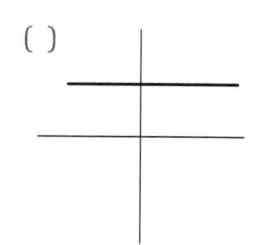

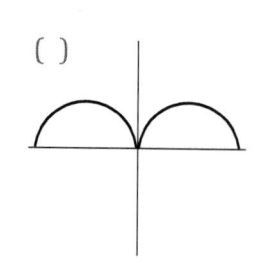

Exercícios

1) Classifique as funções a seguir como pares (P), ímpares (I) ou nenhum dos dois (N):
   ( ) $f(x) = 3x^6 - 5x^2$
   ( ) $y = 2x^3 - 5x$

3) Classifique as funções a seguir como crescente (C), decrescente (D) ou nenhuma delas (N):

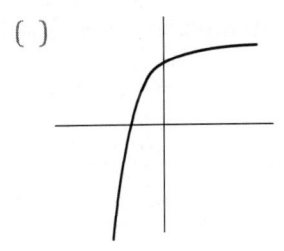

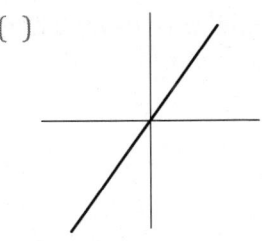

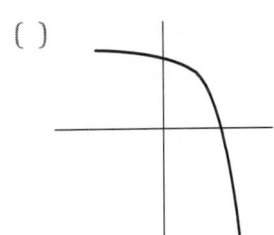

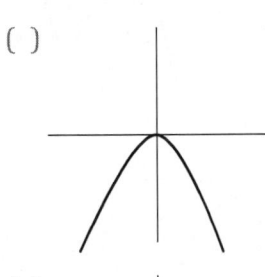

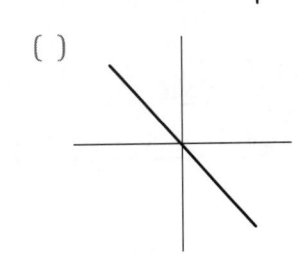

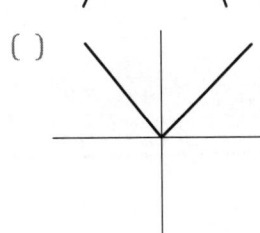

( ) [gráfico: curva crescente côncava]   ( ) [gráfico: reta crescente pela origem]

( ) [gráfico: curva decrescente]   ( ) [gráfico: parábola com concavidade para baixo]

( ) [gráfico: reta decrescente]   ( ) [gráfico: V]

4) O simétrico do ponto A(4, 2) em relação ao eixo x é:
   a) (4, 2)
   b) (4, −2)
   c) (−4, 2)
   d) (−4, −2)
   e) (0, 0)

5) O simétrico de A(4, 2) em relação à origem é:
   a) (4, 2)
   b) (4, −2)
   c) (−4, 2)
   d) (−4, −2)
   e) (0, 0)

6) Uma função pode ser crescente ou decrescente apenas em alguns intervalos. No gráfico a seguir, a função é crescente em qual intervalo?

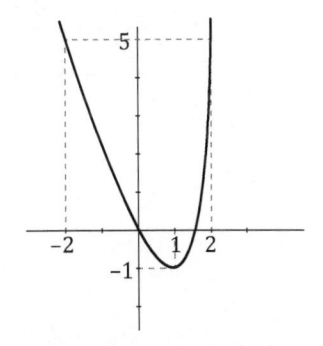

   a) (1, 2)
   b) (−2, 2)
   c) (−∞, 1)
   d) (−∞, +∞)
   e) (1, +∞)

7) A função a seguir não é nem crescente nem decrescente em qual intervalo?

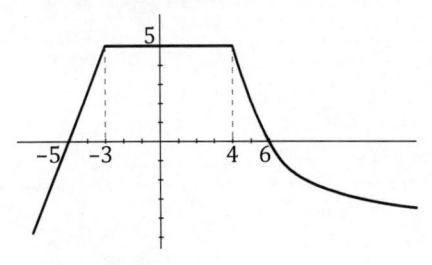

   a) (−5, 6)
   b) (−5, −3)
   c) (−3, 4)
   d) (4, 6)
   e) (−3, 6)

8) O gráfico a seguir mostra a variação do lucro de uma empresa em um ano específico. Em que mês ela teve o maior lucro?

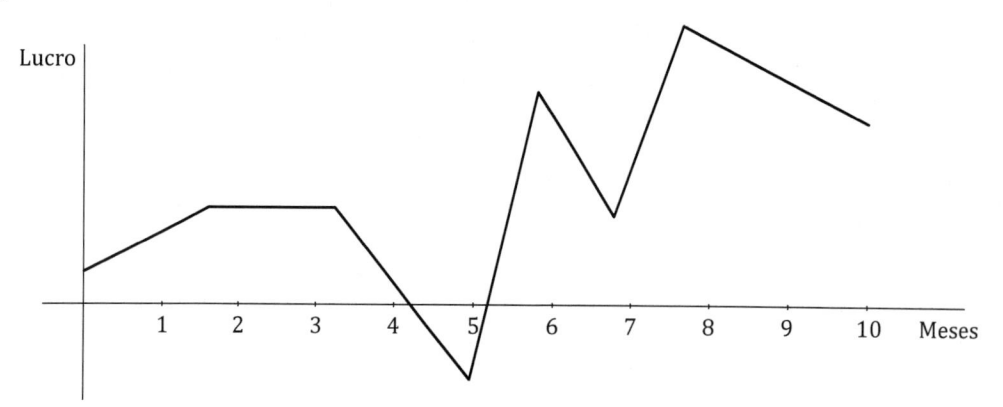

a) Junho.
b) Julho.
c) Agosto.
d) Setembro.
e) Outubro.

9) No gráfico da Figura 1, a inversa da função f (assunto que trataremos na sequência) é simétrica em relação à reta y = x. Qual dos gráficos a seguir representa a função inversa da função f apresentada na Figura 1?

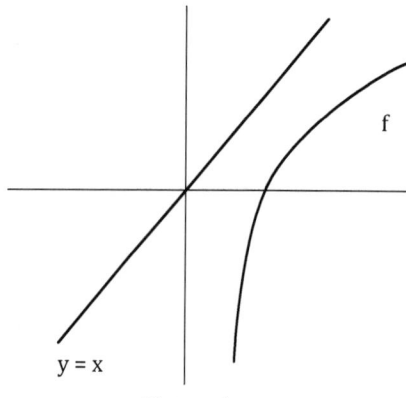

Figura 1

a)

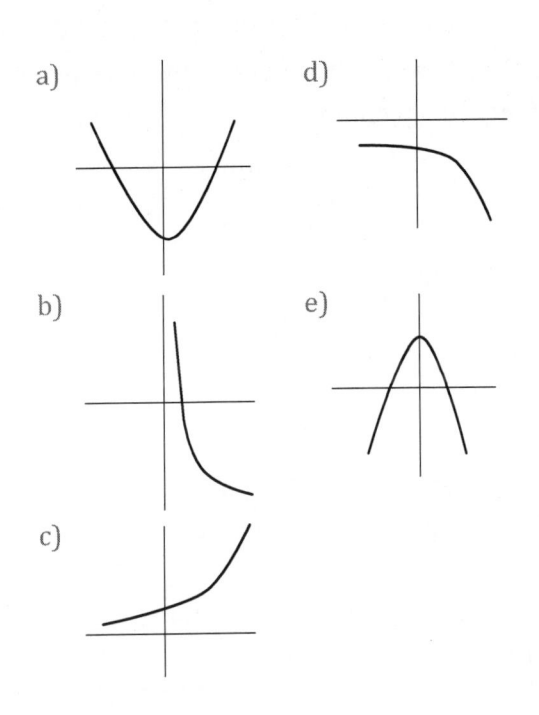

b)

c)

d)

e)

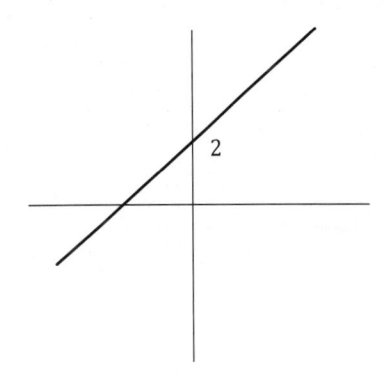

Assinale a alternativa em que a função não é nem par e nem ímpar.
a) $f(x) = x^3 - 4x$
b) $f(x) = x^2 + 2$
c) $y = -3x^4$
d) $y = 6x^6 - 5x^4 - 3$
e) $y = 2$

10) Sem conhecer os gráficos da função, nem sempre acertamos se ela é par ou ímpar. Por exemplo, a função $f(x) = x + 2$ parece ter apenas expoente ímpar na parte literal e, portanto, deveria ser uma função ímpar. Entretanto, seu gráfico mostra que ela não é nem par, nem ímpar. Isso acontece porque $f(x) = x + 2x^0$, ou seja, há expoente par e ímpar.

2.3 Classificação das funções

2.3.1 Função injetora (ou injetiva)

Uma função é **injetora** se qualquer $x_1 \neq x_2$ implicar $f(x_1) \neq f(x_2)$. Ou seja, se tomarmos dois elementos diferentes do domínio, suas imagens também serão diferentes. É importante observar que isso só ocorre se a função for crescente ou decrescente em todo seu domínio.

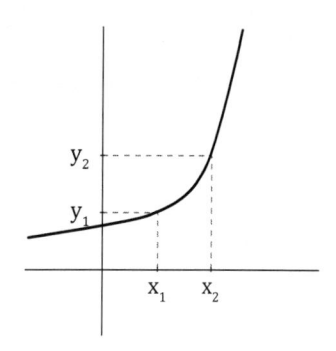

Função crescente e injetora

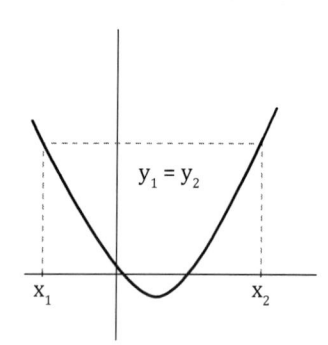

Função não crescente e não injetora

2.3.2 Função sobrejetora

É toda função em que Im(f) = Cdom(f), ou seja, a imagem da função é o segundo conjunto todo. Qualquer y será imagem de algum x.

Observe os gráficos a seguir. A função (I) é sobrejetora, pois, para qualquer que seja o x, existe um y, tal que $y = f(x)$.

A função (II) não é sobrejetora, pois existe y que não é imagem de nenhum x.

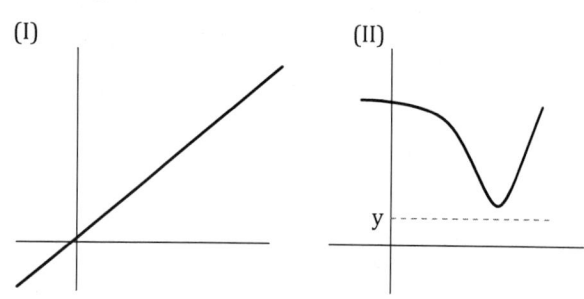

(I)

(II)

Em diagramas:

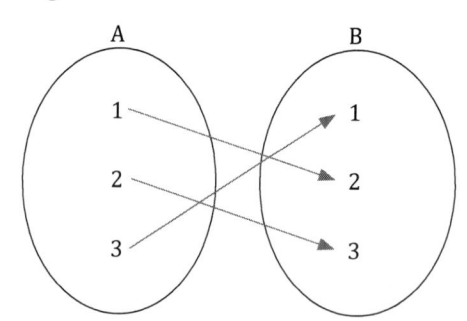

Sobrejetora, Cdom(f) = Im(f).

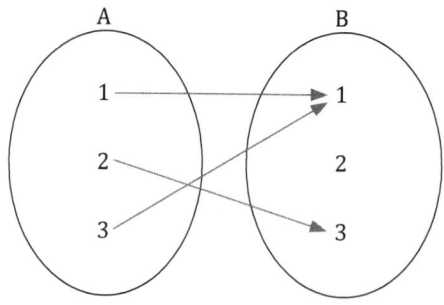

Não é sobrejetora, pois existe elemento de B que não é imagem de nenhum elemento de A.

2.3.3 Função bijetora

Uma função será bijetora quando for ao mesmo tempo injetora e sobrejetora. A função do primeiro grau, cujo gráfico é uma reta, é bijetora. A função do segundo grau, cujo gráfico é uma parábola, não é bijetora.

2.3.4 Função composta

Quando desejamos associar duas ou mais funções, trabalhamos com a composição de funções.

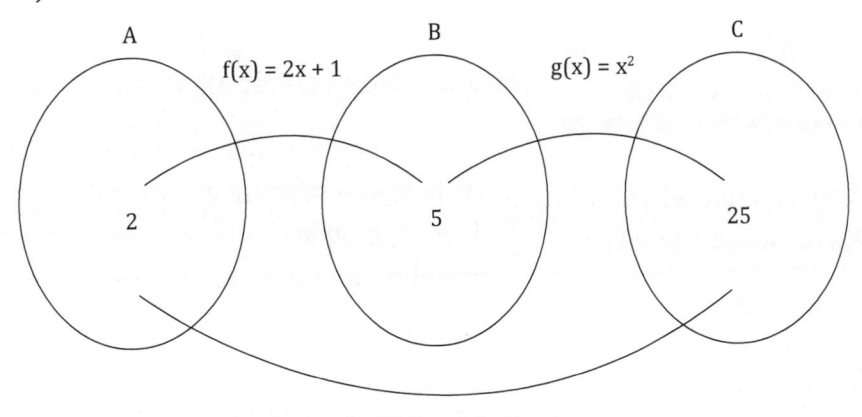

A: $f(x) = 2x + 1$ → B: $g(x) = x^2$ → C

2 → 5 → 25

$g(f(x)) = 4x^2 + 4x + 1$

- A função f(x) leva os elementos de A para B.
- A função g(x) leva os elementos de B para C.
- A função g(f(x)) leva os elementos diretamente de A para C, sem passar por B.

Símbolos:

- $f(g(x)) = fog(x)$
- $g(f(x)) = gof(x)$
- $g(g(x)) = gog(x)$

2.3.4.1 Como obter a função composta

Basta substituir uma função dentro da outra. Veja:

Seja $f(x) = 2x - 3$ e $g(x) = 5 - 4x$. Agora, repare que:

$f(2) = 2 \cdot (2) - 3 = 4 - 3 = 1$
$f(5) = 2 \cdot (5) - 3 = 10 - 3 = 7$
$f(*) = 2 \cdot (*) - 3$
$f(@) = 2 \cdot (@) - 3$, então
$f(g(x)) = 2 \cdot (g(x)) - 3 = 2 \cdot (5 - 4x) - 3 =$
$= 10 - 8x - 3 = 7 - 8x$, ou seja,
$f(g(x)) = -8x + 7$

Se fossemos calcular g(f(x)), teríamos:

g(f(x)) = 5 − 4 · (f(x))
g(f(x)) = 5 − 4 · (2x − 3)
g(f(x)) = 5 − 8x + 12 = −8x + 17

Observações

1. De modo geral, f(g(x)) ≠ g(f(x)).
2. Para que exista a função f(g(x)), a imagem de g(x) deve estar contida no domínio de f(x).

Nesse ponto, é interessante lembrarmos dos **produtos notáveis**:

- $(a + b)^2 = a^2 + 2ab + b^2$
  (quadrado da soma)
- $(a − b)^2 = a^2 − 2ab + b^2$
  (quadrado da diferença)
- $(a + b) \cdot (a − b) = a^2 − b^2$
  (produto da soma pela diferença)

2.3.5 Função inversa

Uma função admite inversa, ou seja, é inversível, se, e somente se, for **bijetora**. Esse tipo de função é representado por $f^{-1}(x)$ ou y^{-1}.

Uma maneira prática de analisar uma função inversa é lembrar da máximo: **o que f faz, f^{-1} desfaz**.

A imagem de uma é o domínio da outra:

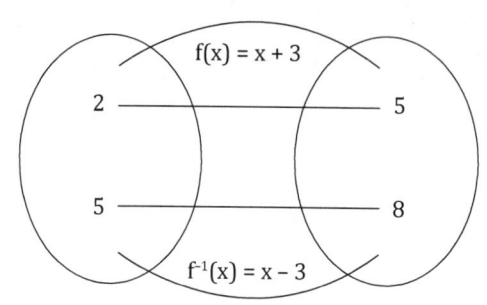

$$f(x) = x + 3$$
$$2 \to 5$$
$$5 \to 8$$
$$f^{-1}(x) = x - 3$$

2.3.5.1 Regra prática para a obtenção da função inversa

- Troque x por y e y por x na função. Se não houver y na função, lembre-se que y = f(x).
- Isole o y, ou seja, deixe-o separado em um dos membros da equação.

Veja alguns exemplos:

I. y = 2x − 3
trocando x por y e y por x:
x = 2y − 3
isolando o y:
x + 3 = 2y
$\dfrac{x + 3}{2} = y = f^{-1} = y^{-1}$

II. $f(x) = \dfrac{2x - 3}{1 - 5x}$
reescrevendo:
$y = \dfrac{2x - 3}{1 - 5x}$
trocando x por y e y por x:
$x = \dfrac{2y - 3}{1 - 5y}$
isolando o y:
x · (1 − 5y) = 2y − 3

fazendo a distributiva:

x − 5xy = 2y − 3

x + 3 = 2y + 5xy

colocando em evidência:

x + 3 = y(2 + 5x)

$\dfrac{x+3}{2+5x} = y$

Exercícios

1) A inversa da função $f(x) = \dfrac{x+1}{2}$ é:
   a) y = 2x − 1
   b) $y = \dfrac{x-1}{2}$
   c) $y = \dfrac{2}{x+1}$
   d) $y = \dfrac{-x-1}{2}$
   e) $y = \dfrac{x+1}{2}$

2) Sendo f(x) = 2 − x, então $f^{-1}(x)$ é:
   a) 2 + x
   b) 2 − x
   c) x − 2
   d) x + 2
   e) −x − 2

3) Qual a função inversa de $f(x) = \dfrac{2+x}{5-x}$?
   a) $y = \dfrac{5-x}{2+x}$
   b) $y = \dfrac{x+2}{-x+5}$
   c) $y = \dfrac{5x-2}{x+1}$
   d) $y = \dfrac{5x-1}{x+2}$
   e) $y = \dfrac{5x+1}{x+2}$

4) Sendo f(x) = 2x + 1 e g(x) = 3 − 2x, então a composta f(g(x)) pode ser escrita como:
   a) 4x − 7
   b) 7x + 4
   c) 7x − 4
   d) 4x + 7
   e) − 4x + 7

5) Dadas as funções f(x) = 2x + 2 e $g(x) = x^2 - 2$, uma das raízes de f(g(x)) é:
   a) −2
   b) −1
   c) 0
   d) 2
   e) 3

6) Sendo f(x) = x + 2 e sabendo que $f^{-1}(x)$ é a inversa, o valor de $f(f^{-1}(2))$ é:
   a) 5
   b) 4
   c) 3
   d) 2
   e) 1

7) Para calcular uma composição de um número muito grande de funções, calculamos duas, três ou quatro vezes e tentamos deduzir o que vai acontecer

depois. Por exemplo, seja f(x) = 2x + 1, o valor de f(f(f(f(... (x) ...)))) calculado 100 vezes será:
a) 100x + 99
b) 199x + 198
c) $2^{100}x + 2^{99}$
d) 200x + 198
e) $100^2 x + 99^2$

8) O domínio da inversa de f(x) = $\dfrac{2-x}{x+2}$ é:
a) {x ∈ ℝ / x ≠ 1}
b) {x ∈ ℝ / x ≠ 2}
c) {x ∈ ℝ / x ≠ −1}
d) {x ∈ ℝ / x ≠ −2}
e) {x ∈ ℝ / x > −1}

9) No diagrama a seguir, qual o valor de $f^{-1}(f^{-1}(f^{-1}(1)))$?

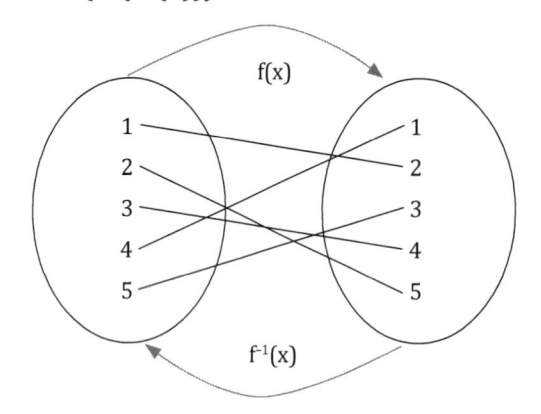

a) 1
b) 2
c) 3
d) 4
e) 5

10) Sendo f(x) = 2x + 1 e g(x) = x^2, para quais valores de x f(g(x)) = g(f(x))?
a) 0 e −2
b) 0 e 2
c) 0 e 1
d) 0 e −1
e) 1 e −1

capítulo três

3.1 Equações de primeiro grau

Uma maneira de encontrar um número desconhecido, seja em cálculos de matemática, física, química ou em problemas do dia a dia é reunir informações sobre esse valor para expressá-lo de forma algébrica, o que resulta em uma equação.

Equações de primeiro grau são aquelas em que o maior expoente da incógnita (o valor que precisamos descobrir) é um.

Por exemplo:

I. $2x - 6 = 5 - 2x$
II. $2y - 5y + 7 - y = 0$

Para resolver uma equação do primeiro grau, devemos isolar a incógnita (representada por uma letra) utilizando-se das operações inversas. Veja:

I. $2x - 6 = 5 - 2x$

De um lado da equação ficarão todos os termos com letras e do outro, apenas números.

$2x + 2x = 5 + 6$

E agrupamos os termos semelhantes:

$4x = 11$

Então: $x = \dfrac{11}{4}$.

II. $2y - 5y + 7 - y = 0$

$-4y = -7$

Multiplicamos por (-1):

$4y = 7$, logo, $y = \dfrac{7}{4}$.

3.1.1 Sistemas de equações de primeiro grau

Quando a equação tem mais de uma incógnita, precisamos de mais informações para descobrir quanto valem. De um modo geral, para encontrarmos o valor de duas incógnitas, precisamos de duas equações, três incógnitas, três equações, e assim por diante.

Neste capítulo, ateremo-nos aos sistemas de equações com duas equações e duas incógnitas. Existem vários métodos para resolver esse tipo de sistema, mas agora abordaremos apenas dois deles.

3.1.1.1 Método da substituição

Esse método consiste em isolar uma incógnita em uma equação e substituir o seu valor em outra, chegando, assim, a uma equação com uma única incógnita.

Exemplo:

$$\begin{cases} x + 2y = 5 \text{ (i)} \\ 2x - y = 0 \text{ (ii)} \end{cases}$$

Isolamos uma das incógnitas em uma das equações.

x = 5 − 2y (iii)

Então substituímos (iii) em (ii):

2x − y = 0
2(5 − 2y) − y = 0
10 − 4y − y = 0
10 = 5y
2 = y (iv)

Substituindo agora (iv) em (iii):

x = 5 − 2y = 5 − 2 · (2) = 5 − 4
x = 1

Então, a solução do sistema é S = {(1,2)}, na ordem em que as letras aparecem nas equações.

3.1.1.2 Método da adição

Nesse método, somamos as duas equações criando uma terceira com uma única incógnita.

O único problema é que nem sempre a soma das equações acontece sem que antes tenhamos de prepará-las. Só é interessante somá-las quando uma mesma incógnita tiver coeficientes opostos, como em:

I. $\begin{cases} x + y = 2 \\ x - y = 0 \end{cases}$

Somando membro a membro, obtemos:

2x = 2 → x = 1

Substituímos, então, o valor encontrado em uma das duas equações anteriores.

x + y = 2
1 + y = 2 → y = 1.

Portanto, a solução é S = {(1,1)}.

II. $\begin{cases} x + 2y = 5 \\ 3x + y = 5 \end{cases}$

É fácil verificar, nesse caso, que não adianta somar as equações, pois nenhuma incógnita sumirá.

Nesse contexto, vamos fazer uso da seguinte **propriedade**: quando se multiplicam ambos os membros de uma equação por um mesmo número real, os valores das incógnitas não se alteram.

Desse modo, podemos multiplicar a primeira equação por (−3) para anular o coeficiente de x após a soma **ou** multiplicar a segunda equação por (−2) e anular o coeficiente de y. Optamos pela primeira opção, então:

$\begin{cases} -3x - 6y = -15 \\ 3x + y = 5 \end{cases}$

Somando ambos os termos:

$-5y = -10 \; (-1)$
$5y = 10$
$y = 2$

Substituindo na segunda equação:
$3x + y = 5$
$3x + 2 = 5$
$3x = 3 \rightarrow x = 1$

Dessa maneira, $S = \{(1,2)\}$.

Exercícios

1) A solução de $-3x + 7 = -6x + 12 - 1$ é:
   a) $\dfrac{4}{3}$
   b) $\dfrac{5}{3}$
   c) 1
   d) $\dfrac{2}{3}$
   e) $\dfrac{1}{3}$

2) Após calcular o MMC, resolva a equação $\dfrac{2-2x}{3} + 1 = \dfrac{2x}{3} - \dfrac{2}{5}$. O resultado encontrado foi:
   a) $\dfrac{21}{20}$
   b) $\dfrac{23}{20}$
   c) $\dfrac{31}{15}$
   d) $\dfrac{21}{15}$
   e) $\dfrac{31}{20}$

3) Resolva o seguinte problema: Some um número com dois e multiplique o resultado por 3. Divida o novo resultado por 7 e some 6 unidades. Iguale o resultado a 9. Que número torna esse cálculo correto?
   a) 7
   b) 6
   c) 5
   d) 4
   e) 3

4) Equações com números decimais podem ser resolvidas em forma de fração, ou mantendo os decimais. Escolhendo uma dessas opções para resolver a equação $0{,}04x - 1 + 0{,}1x = 2{,}13 - 5{,}12x$, encontraremos como solução um número entre:
   a) 0,4 e 0,5
   b) 0,5 e 0,6
   c) 0,6 e 0,7
   d) 0,7 e 0,8
   e) 0,8 e 0,9

5) A soma de dois números consecutivos é 41. O menor desses números é:
   a) 19
   b) 20
   c) 21
   d) 22
   e) 23

DICA: podemos representar algebricamente dois números consecutivos por x e x + 1.

6) A soma de três números ímpares consecutivos é 93. O número do meio é:
   a) 27
   b) 29
   c) 30
   d) 31
   e) 33

DICA: podemos representar algebricamente três números ímpares consecutivos por x, x + 2 e x + 4.

7) Resolvendo o sistema $\begin{cases} -2x + y = -1 \\ 3x - 4y = 8 \end{cases}$, teremos como solução:
   a) $-\frac{4}{5}$ e $-\frac{13}{5}$
   b) $\frac{4}{5}$ e $\frac{13}{5}$
   c) $-\frac{4}{5}$ e $\frac{13}{5}$
   d) $\frac{4}{5}$ e $-\frac{13}{5}$
   e) $-\frac{13}{5}$ e $\frac{4}{5}$

8) A soma de dois números é 40. Sabendo que a diferença entre esses números é 12, então o maior deles é:
   a) 40
   b) 36
   c) 32
   d) 30
   e) 26

9) A soma das idades de um pai e seu filho é 60 anos. Sabendo que a idade do pai é o triplo da idade do filho, a diferença entre as duas idades é:
   a) 10
   b) 20
   c) 30
   d) 40
   e) 50

10) Em uma festa, havia 45 pessoas entre homens e mulheres. Sabendo que o número de mulheres era a metade do número de homens, quantos homens estavam na festa?
    a) 15
    b) 25
    c) 30
    d) 35
    e) 40

3.2 Funções de primeiro grau

Em certa cidade, a bandeirada (preço de ingresso em um táxi) é de R$ 3,50 e o custo do quilômetro rodado é de R$ 2,00. Qual será o preço pago por uma corrida de 15,5 km?

A expressão do problema acima é uma função do primeiro grau.

Toda função do primeiro grau é do tipo f(x) = ax + b, em que **a** e **b** são números reais e **a** ≠ 0. Observe que:

- f(x) = ax + b é de primeiro grau, pois o maior expoente da variável *x* é 1;
- se a = 0, f(x) = 0x + b = b, portanto o grau é zero e a função é chamada de ***função constante***.

O número real **a** é chamado de *coeficiente angular*, enquanto o número real **b** é chamado de *coeficiente linear*. Se **a** é positivo, dizemos que o gráfico é crescente; se negativo, é decrescente. O número **b** indica a ordenada do ponto onde o gráfico corta o eixo *y*.

No caso do exemplo, temos f(x) = 2x + 3,5.

- (a = 2) gráfico crescente a+;
- (b = 3,5) corta o eixo *y*.

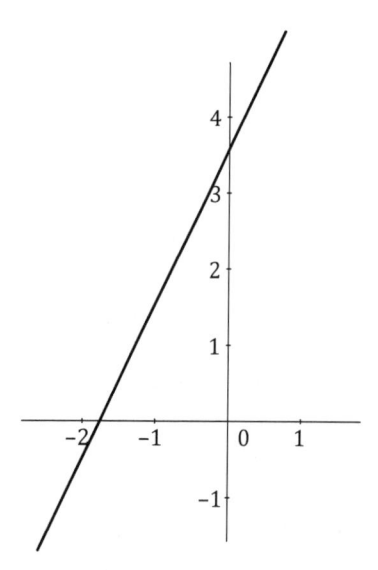

Raiz da função 2x + 3,5 = 0 → x = –1,75.

Geometricamente, as raízes de uma função são as abscissas (x) do ponto onde o gráfico corta o eixo horizontal (x, 0).

Como o gráfico de uma função de primeiro grau é uma reta, ela estará bem definida se conhecermos dois pontos por onde ela passa. Dessa maneira, conhecidos dois pontos quaisquer, existe uma única função do primeiro grau que passa por eles. Por exemplo, a função f(x) = 2x + 4 é a única que passa pelos pontos A(0, 4) e B(–2, 0).

Como determinar a função que passa por dois pontos

Sabendo que toda função de primeiro grau é do tipo y = ax + b, se conhecermos dois pontos por onde passa seu gráfico, basta substituir as coordenadas na fórmula e resolver o sistema de equações do primeiro grau que aparecerá.

Por exemplo, qual a função do primeiro grau que passa por A(1, 2) e B(–3, 6)?

Como y = ax + b, então:

$$\begin{cases} 2 = 1a + b \\ 6 = -6a + b \end{cases}$$

Multiplicando a primeira equação por 3, obtemos um sistema equivalente:

$$\begin{cases} 6 = 3a + 3b \\ 6 = -3a + b \end{cases}$$

Fazendo a soma membro a membro da equação, temos:

12 = 4b
b = 3

Substituindo na primeira equação:

2 = 1a + 3
a = 1

Logo, a função que passa pelos pontos A(2, 1) e B(−3, 6) é y = −x + 3.

3.2.1 Função linear

Quando b = 0, a função f(x) = ax + b será apenas f(x) = ax, denominada *função linear*, e seu gráfico passará sempre pela origem.

Se a = 1, f(x) = x, será chamada de *função identidade*.

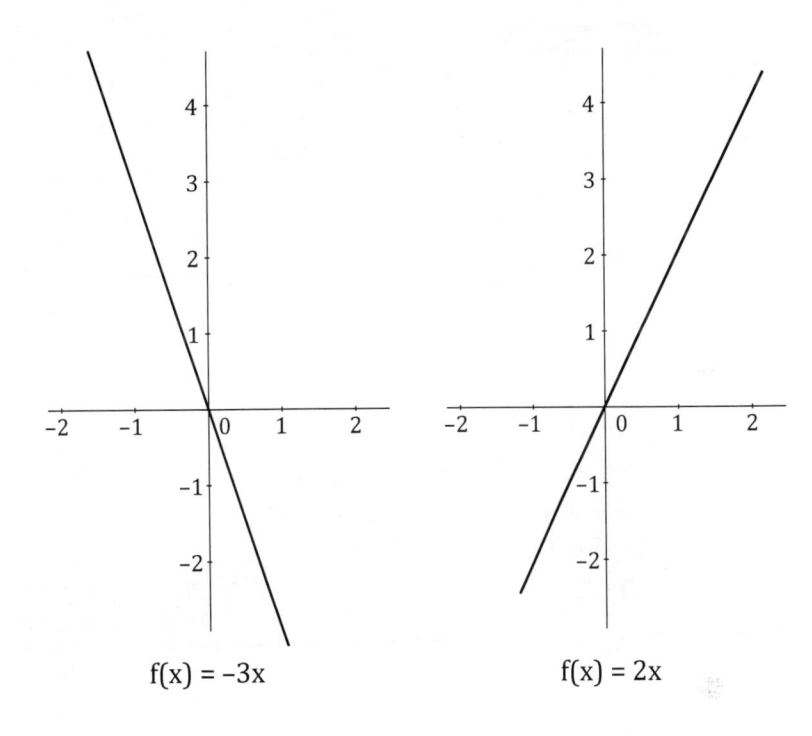

f(x) = −3x

f(x) = 2x

3.2.2 Função constante

Embora não seja uma função do primeiro grau, a função constante f(x) = b ocorre quando a = 0. Seu gráfico será a reta paralela ao eixo *x* que corta o eixo *y* na altura **b**.

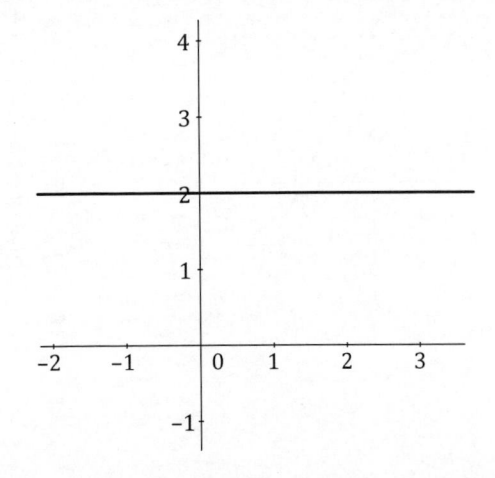

Exercícios

1) Qual função do primeiro grau passa por A(1, 2) e B(−2, −4)?
   a) y = 2x − 1
   b) y = 2x + 1
   c) y = 2x
   d) y = x − 2
   e) y = x + 2

2) Qual é o ponto de interseção entre os gráficos das funções f(x) = x + 1 e g(x) = −3x + 5?
   a) 5
   b) 4
   c) 3
   d) 2
   e) 1

3) Qual das funções representa o gráfico a seguir?
   a) y = 2x + 4
   b) f(x) = −2x + 4
   c) f(x) = 4x − 2
   d) y = −2x
   e) y = −4x + 2

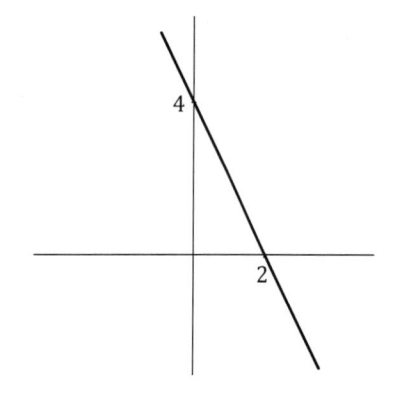

4) O coeficiente angular da reta que passa em A(−3, 5) e B(−2, 4) é:
   a) −1
   b) 1
   c) $-\dfrac{1}{2}$
   d) −2
   e) 2

5) Classifique as funções em crescente (C) ou decrescente (D):
   ( ) y = −3x + 1
   ( ) y = −5 + 2x
   ( ) y = 3x
   ( ) y = −0,5x

6) A raiz da função $y = \dfrac{1}{2}x - \dfrac{5}{4}$ é:
   a) $\dfrac{1}{2}$
   b) $\dfrac{5}{4}$
   c) $\dfrac{4}{5}$
   d) 2,5
   e) 5

7) Para quais valores de **m** a função do primeiro grau $f(x) = (-1 - m)x - 3$ é crescente?
   a) $m = 1$
   b) $m = -1$
   c) $m > 1$
   d) $m < -1$
   e) $m \neq -1$

8) Em uma função de primeiro grau $f(2) = 5$ e $f(-1) = -1$. Essa função é:
   a) $y = 2x + 1$
   b) $y = -2x + 1$
   c) $y = -2x - 1$
   d) $f(x) = -x + 2$
   e) $f(x) = -x - 2$

9) Quando esboçamos os gráficos de funções, aprendemos que retas paralelas têm o mesmo coeficiente angular. Qual das retas a seguir é paralela a $y = 5x - 4$?
   a) $y = 4x$
   b) $y = 5x$
   c) $f(x) = -5x + 4$
   d) $f(x) = -4x + 5$
   e) $y = -4x$

10) É possível descobrir a posição relativa entre duas retas apenas conhecendo seus coeficientes. Duas retas serão perpendiculares quando o produto dos seus coeficientes angulares é -1. Assim, qual das retas a seguir é perpendicular à reta $y = 2x - 3$?
    a) $y = \dfrac{x}{3}$
    b) $y = \dfrac{-x}{3}$
    c) $y = 2x + 3$
    d) $y = \dfrac{-x}{2} + 2$
    e) $y = \dfrac{-3}{2} + \dfrac{2}{5}$

3.3 Equações do segundo grau

São equações em que o expoente de maior grau é 2. Diferentemente das equações de primeiro grau, nem sempre é possível resolver uma equação de segundo grau isolando-se a incógnita.

Chama-se *raiz de uma equação* o valor para o qual a equação se anula.

Toda equação do segundo grau tem de zero até duas raízes reais. Além disso, toda equação do segundo grau pode ser escrita da forma $ax^2 + bx + c = 0$, em que **a**, **b** e **c** são números reais e **a** $\neq 0$.

Assim, nas equações a seguir os valores de **a**, **b** e **c** são:

I. $2x^2 + 3x - 5 = 0$, $a = 2$, $b = 3$ e $c = -5$
II. $2x^2 - 5x = 0$, $a = 2$, $b = -5$ e $c = 0$
III. $-x^2 - 1 = 0$, $a = -1$, $b = 0$ e $c = -1$

As equações II e III são chamadas ***incompletas*** (quando algum dos coeficientes **b** ou **c** é zero).

3.3.1 Equações do segundo grau incompletas

Primeiro tipo ($ax^2 = 0$)
As equações a seguir são do primeiro tipo. É bastante fácil perceber que suas raízes são todas nulas, bastando para tal isolar o *x*.

$2x^2 = 0$
$-3x^2 = 0$
$\frac{1}{2}x^2 = 0$

Assim, resolvemos $\frac{2}{3}x^2 = 0$ da seguinte maneira:

$2 \cdot x^2 = 3 \cdot 0$
$2 \cdot x^2 = 0$
$x^2 = \frac{0}{2}$
$x^2 = 0$, logo $x = 0$.

Segundo tipo ($ax^2 + c = 0$)
As equações que não têm o coeficiente de x (b = 0) podem ser resolvidas como equação do primeiro grau, bastando para isso isolar a incógnita.

Por exemplo, a equação $4x^2 - 9 = 0$:
$4x^2 - 9 = 0$
$4x^2 = 9$
$x^2 = \frac{9}{4}$
$x = \pm\sqrt{\frac{9}{4}} = \pm\frac{3}{2}$.

Observação
Como a raiz tem índice par, dois valores solucionam a equação, por isso aparece o $\pm$ na solução.

Terceiro tipo ($ax^2 + bx = 0$)
É o tipo mais difícil de se resolver sem fórmula e acontece quando c = 0. Para tal, devemos colocar o *x* em evidência, pois ele aparece nos dois termos.

Para exemplificar, vamos resolver a equação $3x^2 - 5x = 0$:

$3x^2 - 5x = 0$
$x \cdot (3x - 5) = 0$

Quando colocamos *x* em evidência, devemos lembrar que, se um produto é nulo, um ou todos seus fatores devem ser nulos. Assim, conclui-se que:

$x = 0$ e $3x - 5 = 0$

Portanto, suas raízes são:

$x_1 = 0$ e $x_2 = \frac{5}{3}$

> **Observação**
>
> Se a equação estiver completa, não tendo nenhum coeficiente igual a zero, podemos resolvê-la utilizando a **fórmula de Bhaskara**.

3.3.2 Fórmula de Bhaskara

Seja a equação $ax^2 + bx + c = 0$, suas raízes podem ser encontradas a partir da fórmula:

$$x = \frac{-b \pm \sqrt{b^2 - 4ac}}{2a}$$

Ou ainda:

$$x = \frac{-b \pm \sqrt{\Delta}}{2a}$$

Sendo:

$\Delta = b^2 - 4ac$

Exemplo

Na equação $2x^2 - 5x + 2 = 0$, em que $a = 2$, $b = -5$ e $c = 2$, as raízes são:

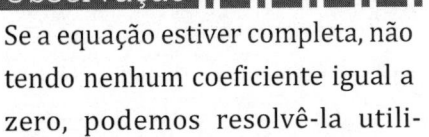

$$x = \frac{-b \pm \sqrt{b^2 - 4ac}}{2a}$$

$$x = \frac{-(-5) \pm \sqrt{(-5)^2 - 4 \cdot 2 \cdot 2}}{2 \cdot 2}$$

$$x = \frac{5 \pm \sqrt{25 - 16}}{4} = \frac{5 \pm 3}{4} \Rightarrow$$

$$\Rightarrow x_1 = 2 \text{ e } x_2 = \frac{1}{2}$$

> **Observações**
>
> 1. A ordem das raízes não importa.
> 2. Quando uma equação não tem raiz real, dizemos que seu conjunto solução é vazio ($S = \emptyset$).

A equação $x^2 - 2x + 2 = 0$ não tem raízes reais, pois resolvendo por Bhaskara, temos que:

$$x = \frac{-b \pm \sqrt{b^2 - 4ac}}{2a}$$

$$x = \frac{-(-2) \pm \sqrt{(-2)^2 - 4 \cdot 1 \cdot 2}}{2 \cdot 1}$$

$$x = \frac{2 \pm \sqrt{4 - 8}}{2}$$

$$x = \frac{2 \pm \sqrt{-4}}{2}$$

Como $\sqrt{-4}$ não é número real, então $S = \emptyset$.

3.3.3 Relações dos coeficientes de Girard (soma e produto)

Em qualquer equação do segundo grau, a soma das raízes é sempre $-\frac{b}{a}$, enquanto o produto das raízes vale $\frac{c}{a}$.

Em especial quando a = 1, essas relações ficam mais simples. Assim, a soma das raízes será –b e o produto é c, o que facilita o cálculo mental das raízes.

Exemplos

I. $x^2 - 6x + 8 = 0$

A soma das raízes será 6 e o produto 8. Assim, $x_1 + x_2 = 6$ e $x_1 \cdot x_2 = 8$, o que leva a concluir que $x_1 = 2$ e $x_2 = 4$.

II. Mesmo equações incompletas podem ser resolvidas por soma e produto. Vejamos:
$x^2 - 6x = 0$

A soma será 6 e o produto será 0. Como o produto é 0, então uma das raízes é 0, e como a soma é 6, então a outra raiz será 6.

Exercícios

1) As raízes da equação $3x^2 - 75 = 0$ são:
   a) 0 e 5
   b) 0 e –5
   c) 0 e 3
   d) 0 e –3
   e) 5 e –5

2) Os zeros da equação $2x^2 - 4x = 0$ são:
   a) 2 e –2
   b) 2 e 0
   c) –2 e 0
   d) 2 e 2
   e) –2 e –2

3) Utilizando a fórmula de Bhaskara, obtemos para raízes de $2x^2 - 5x + 3 = 0$:
   a) 1 e 1,5
   b) 6 e 4
   c) $\frac{4}{6}$ e 1
   d) 2 e –3
   e) 1 e –1

4) Buscando mentalmente as raízes de $x^2 - 11x + 30 = 0$, encontramos:
   a) 1 e 11
   b) 1 e 30
   c) 5 e 6
   d) 10 e 1
   e) 4 e 7

5) A soma do quadrado da minha idade e seu dobro é igual a 48 anos. Quantos anos eu tenho?
   a) 22 anos.
   b) 10 anos.
   c) 7 anos.
   d) 6 anos.
   e) 4 anos.

6) Sabendo que as raízes de $x^2 - 13x + 36 = 0$ são x_1 e x_2, o valor de $\frac{x_1 + x_2}{x_1 \cdot x_2}$ é:

a) $\dfrac{13}{36}$

b) $\dfrac{36}{13}$

c) $\dfrac{16}{13}$

d) $\dfrac{13}{16}$

e) $\dfrac{36}{35}$

7) Sabendo que as raízes de $x^2 - bx + 17 = 0$ são números naturais, o valor de **b** é:
   a) 16
   b) 17
   c) 18
   d) 19
   e) 20

   DICA: o produto das raízes naturais é 17 (Girard). Encontrando uma delas, basta substituir seu valor na equação e encontrar **b**.

8) Toda equação do segundo grau do tipo $ax^2 + bx + c = 0$ pode ser fatorada da seguinte forma: $a(x - x_1) \cdot (x - x_2)$, sendo x_1 e x_2 as raízes da equação. Dessa forma, as raízes de $5(x - 3) \cdot (x + 2) = 0$ são:
   a) 3 e 2
   b) −3 e 2
   c) −3 e −2
   d) 3 e −2
   e) −2 e $-\dfrac{1}{3}$

9) Das equações a seguir, a única que tem como raízes −3 e 2 é:
   a) $x + 3 = 0$
   b) $2x - 4 = 0$
   c) $3(x - 3) \cdot (x + 2) = 0$
   d) $x^2 - 5x - 6 = 0$
   e) $2x^2 + 2x - 12 = 0$

10) Para encontrar os pontos de interseção de duas curvas, basta igualar suas fórmulas e resolver a equação. Assim, um dos pontos de interseção da reta $y = 2x + 5$ e da parábola $y = x^2 - 5x - 3$ é:
    a) (−1, 1)
    b) (8, 21)
    c) (3, −1)
    d) (−8, −1)
    e) (21, 8)

3.4 Funções do segundo grau

Um goleiro de futebol chuta uma bola para o alto visando alcançar um jogador de seu time que está indo para o ataque.

a. Qual a altura máxima do chute?
b. Qual a distância máxima do chute?

Como esse exemplo, muitas situações do dia a dia podem ser analisadas com base em funções. É o que veremos na sequência.

3.4.1 Funções do segundo grau (ou funções quadráticas)

São funções do tipo $f(x) = ax^2 + bx + c$, em que **a**, **b** e **c** são números reais e $a \neq 0$.

Exemplo

$f(x) = x^2 - 1$, $a = 1$, $b = 0$ e $c = -1$
$f(x) = 3x^2$, $a = 3$, $b = 0$ e $c = 0$
$f(x) = 2x - 6 - 5x^2$, $a = -5$, $b = 2$, $c = -6$

3.4.2 Gráfico de funções do segundo grau

O gráfico de uma função de segundo grau é chamado de ***parábola***.

Na função $f(x) = ax^2 + bx + c$.

I. O coeficiente **a** diz se a concavidade da parábola está voltada para cima ou para baixo.

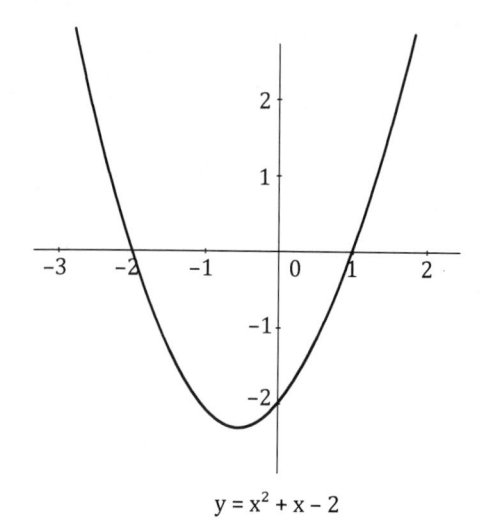

$y = x^2 + x - 2$
$a > 0$, concavidade para cima

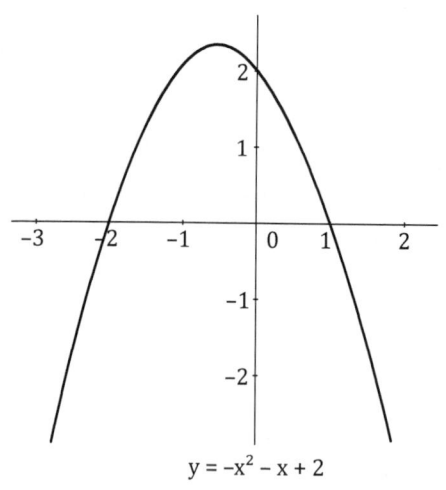

$y = -x^2 - x + 2$
$a < 0$, concavidade para baixo

II. O coeficiente **c** indica a ordenada do ponto onde o gráfico corta o eixo y, ou seja em $(0, c)$.

III. Os pontos onde as funções cortam o eixo x são as raízes ou zeros da função. Para encontrá-los, basta resolver a equação do segundo grau f(x) = 0.

3.4.3 Raízes de uma função quadrática

Como vimos no capítulo anterior, para encontrarmos as raízes, devemos utilizar a fórmula de Bhaskara. O radicando da fórmula de Bhaskara também é chamado de **delta** ou *discriminante* e é muito importante para determinar o tipo de raíz de determinada função. Só para lembrar, $\Delta = b^2 - 4ac$.

- Se $\Delta > 0$, teremos duas raízes reais e diferentes, ou seja, o gráfico cortará o eixo x em dois pontos diferentes.
- Se $\Delta = 0$, há duas raízes reais e iguais deste modo, o gráfico corta o eixo x em apenas um ponto.
- Se $\Delta < 0$, nenhuma raíz será real e o gráfico não cortará o eixo x.

Exemplos

I. $x^2 - 5x + 6 = 0$ tem o discriminante $\Delta = (-5)^2 - 4 \cdot 1 \cdot 6 = 25 - 14 = 1 > 0$ e duas raízes reais e diferentes.

II. $x^2 - 2x + 1 = 0$ tem discriminante $\Delta = (-2)^2 - 4 \cdot 1 \cdot 1 = 4 - 4 = 0$ e duas raízes reais e iguais.

III. $x^2 - 2x + 2 = 0$ tem discriminante $\Delta = (-2)^2 - 4 \cdot 1 \cdot 2 = 8 - 8 = -4 < 0$ e não tem raízes reais.

3.4.4 Possíveis gráficos de funções quadráticas

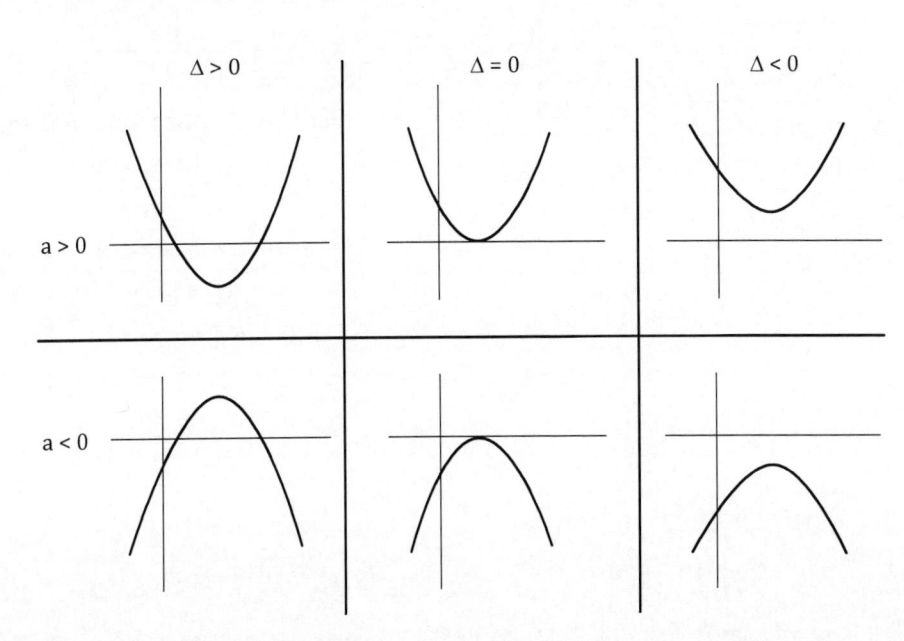

3.4.5 Máximos ou mínimos de funções quadráticas

Dependendo se a função quadrática tiver concavidade para cima ou para baixo, ela apresenta, nessa ordem, um ponto de mínimo ou de máximo. Tanto o ponto de mínimo quanto o de máximo são chamados de **vértice da parábola**.

O vértice é um ponto e, portanto, tem duas coordenadas: $V(x_v, y_v)$. É importante que você conheça as fórmulas das coordenadas do vértice:

$$x_v = \frac{-b}{2a} \qquad y_v = \frac{-\Delta}{4a}$$

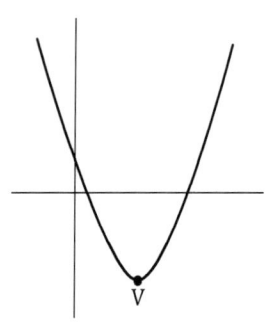

Ponto de mínimo 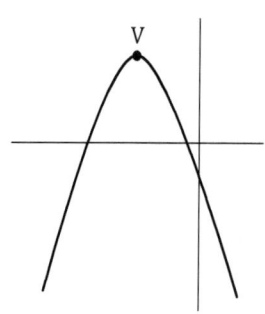   Ponto de máximo

Exemplo

Imagine que um goleiro chuta uma bola de acordo com o gráfico da função $y = -x^2 + 40x$, em que x é dado em metros e y em centímetros.

a) A qual distância do chute a bola atingiu a altura máxima?
b) Qual foi a altura máxima atingida pela bola?

Normalmente, quando se fala em máximo ou mínimo na matemática do ensino médio, associamos ao vértice de uma parábola. Apenas tome certo cuidado. Como o máximo ou o mínimo é um ponto, ele tem duas coordenadas e ambas falarão de máximo. Vamos entender.

a) Pede-se a distância do chute e não a altura máxima, portanto, x_v:

$$x_v = \frac{-b}{2a} = \frac{-40}{2(-1)} = \frac{-40}{-2} = 20 \text{ metros}$$

b) Pede-se a altura máxima, logo, y_v:

$$y_v = \frac{-\Delta}{4a} = \frac{-(b^2 - 4ac)}{4a} =$$

$$= \frac{-[40^2 - 4 \cdot (-1) \cdot 0]}{4(-1)} = \frac{-1\,600}{-4} =$$

$$= 400 \text{ centímetros}$$

3.4.6 Eixo de simetria

Existe uma reta muito importante para o gráfico de uma função de segundo grau: é o **eixo de simetria**, uma reta vertical que passa pelo vértice da parábola. As duas metades da parábola são simétricas em relação ao eixo de simetria.

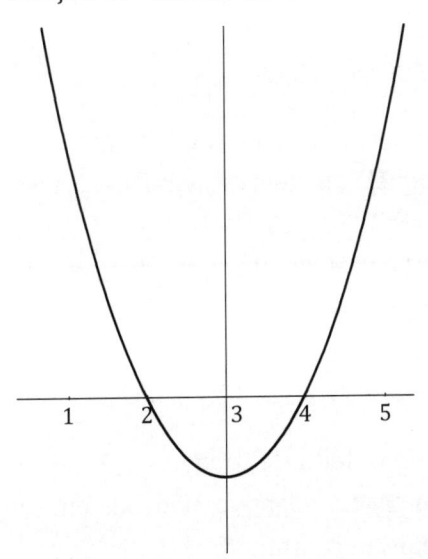

Eixo de simetria: reta vertical que passa pelo vértice.

3.4.7 Fatoração de uma função do segundo grau

Toda função de segundo grau de raízes x_1 e x_2 pode ser fatorada assim: $f(x) = a \cdot (x - x_1) \cdot (x - x_2)$.

Como exemplo, vamos encontrar funções do segundo grau que tenham como raízes −2 e 5: $f(x) = a \cdot [x - (-2)] \cdot (x - 5)$.

Para isso, basta escolher valores diferentes para as funções:

- $f(x) = 2 \cdot (x + 2)(x - 5) =$
  $2(x^2 - 5x + 2x - 10) =$
  $= 2x^2 - 6x - 20$
- $f(x) = 1 \cdot (x + 2)(x - 5) = x^2 - 5x + 2x - 10 =$
  $= x^2 - 3x - 10$

Essa forma é bastante útil, uma vez que, para encontrar as raízes, basta verificar o número que zera cada parêntese. Por exemplo, $f(x) = 3(x - 4)(x + 2)$ tem como raízes 4 e −2, que são os valores que zeram cada um dos fatores.

Exercícios

1) O gráfico de qual das funções a seguir é cortado no eixo *y* em (0, 5)?
   a) $f(x) = x^2 - 5x + 6$
   b) $y = x^2 - 5$
   c) $y = -x^2 - 5x - 1$
   d) $f(x) = -2x^2 + 4x - 5$
   e) $y = 2x^2 + 5$

2) Verifique se a concavidade da parábola das funções a seguir está voltada para cima (C) ou para baixo (B):
   ( ) $y = -x^2 - 2x - 1$
   ( ) $y = 2x - x^2 + 1$
   ( ) $f(x) = 5x^2 - 1$
   ( ) $y = -3x^2$
   ( ) $f(x) = 2x^2 - 7x - 12$

3) Indique se as funções a seguir têm ponto de máximo (M) ou de mínimo (O):
( ) $y = -x^2 - 2x - 1$
( ) $y = 2x - x^2 + 1$
( ) $f(x) = 5x^2 - 1$
( ) $y = -3x^2$
( ) $f(x) = 2x^2 - 7x - 12$

4) Quais os valores de **m** para os quais a função $f(x) = 2x^2 - mx + 2$ tem duas raízes reais e iguais?
a) 4 e −4
b) 2 e −2
c) 4 e 2
d) 4 e −2
e) 1 e −1

5) Analisando o gráfico da função $f(x) = ax^2 + bx + c$, é possível concluir que:

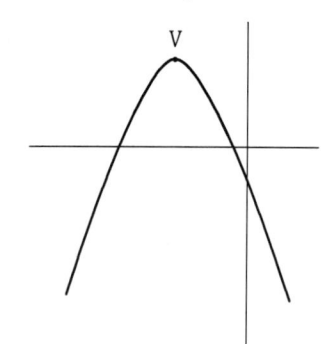

a) $a > 0, c > 0, \Delta > 0$
b) $a > 0, c < 0, \Delta > 0$
c) $a < 0, c > 0, \Delta = 0$
d) $a < 0, c < 0, \Delta > 0$
e) $a < 0, c < 0, \Delta < 0$

6) Um foguete é lançado e sua trajetória é dada segundo a função $h(s) = -s^2 + 100s$, sendo **h(s)** a altura dada em metros e **s**, o tempo dado em segundos. A altura máxima do foguete e o tempo de voo, nesta ordem, são:
a) 2 500 m e 50 s
b) 5 000 m e 100 s
c) 2 500 m e 100 s
d) 5 000 m e 50 s
e) 2 500 m e 75 s

7) Dentre as funções de segundo grau a seguir, aquela que tem como raízes −3 e 5 é:
a) $y = x^2 - 8x - 15$
b) $f(x) = x^2 + 8x - 15$
c) $f(x) = x^2 - 2x - 15$
d) $y = x^2 - 2x + 15$
e) $y = x^2 + 2x - 15$

8) Quando o delta de uma equação de segundo grau é negativo, não existem raízes reais, portanto:
a) não existe gráfico.
b) existe gráfico, mas não raízes reais.
c) o gráfico corta o eixo x em um único ponto.
d) o gráfico não corta o eixo y.
e) o gráfico é uma reta.

9) A soma das raízes de uma função do segundo grau é –6 e o produto é 8. Trata-se da função:
   a) $f(x) = x^2 - 6x - 8$
   b) $f(x) = x^2 - 6x + 8$
   c) $f(x) = x^2 + 6x - 8$
   d) $f(x) = x^2 + 6x + 8$
   e) $f(x) = x^2 - 8x - 6$

10) Um terreno retangular mede 100 m de perímetro. Quanto mede sua área máxima?
    a) 100 m²
    b) 400 m²
    c) 500 m²
    d) 625 m²
    e) 900 m²

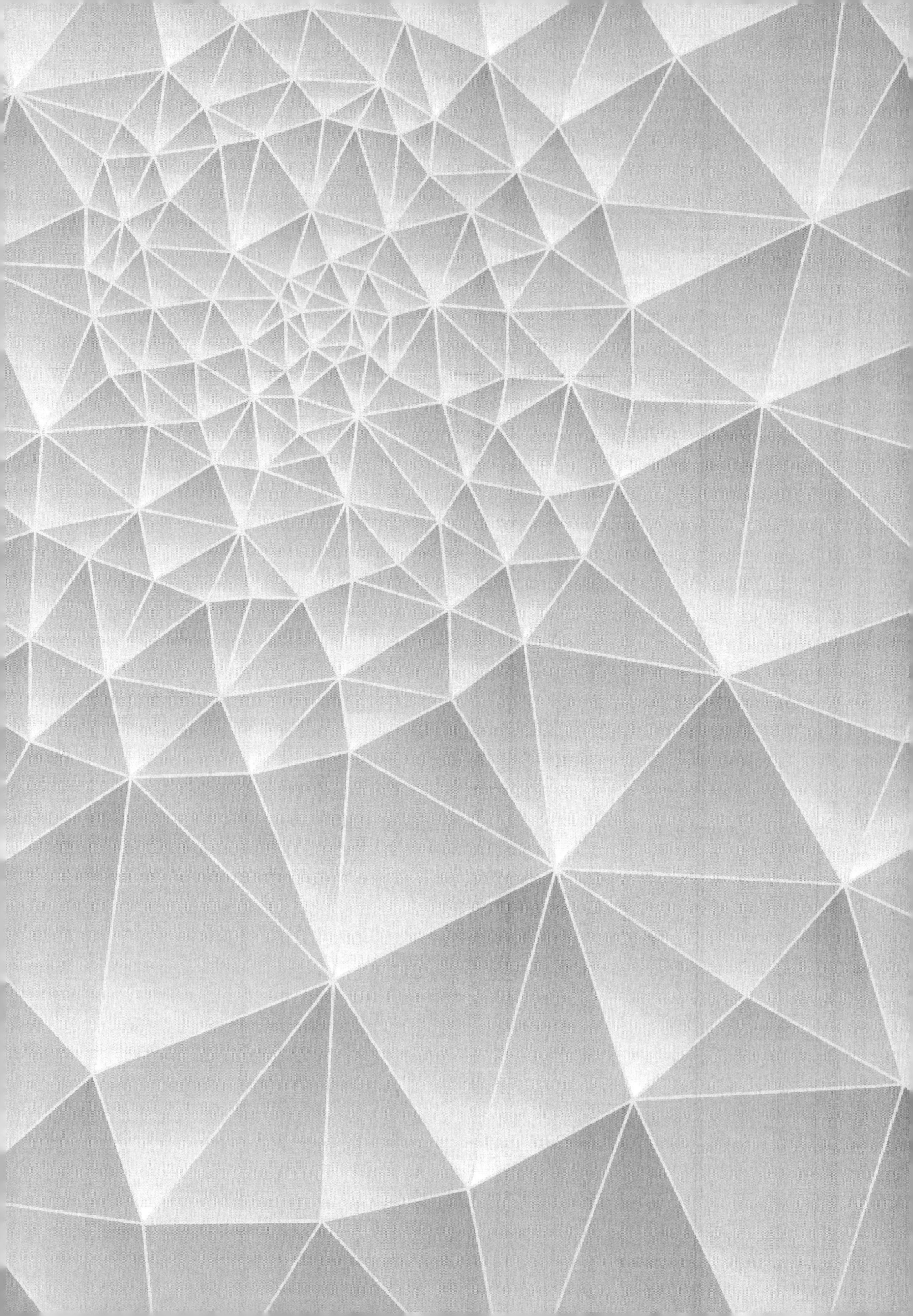

4.1 Progressões aritméticas

Todos os dias deparamo-nos com situações do tipo:

- O juro da poupança neste ano será de 0,5% ao mês.
- A compra de certo bem material gera um carnê com 24 parcelas de R$ 120,35.

No primeiro caso, o montante é encontrado multiplicando mês a mês o capital por um valor fixo, e no segundo, o valor pago é o resultado da soma das parcelas pagas.

Sequências ou **sucessões** são conjuntos, finitos ou não, cujos elementos são dispostos entre parênteses e separados por vírgulas (ou ponto e vírgulas, quando forem números decimais):

- (0, 1, 2, 3, 4)
- (−2, 0, 8, −19, −1, 0, 2, 7)
- (1, 1, 1, 1, 1,...)
- (1, 4, 9, 16, 25, 36, 49,...)

Toda sequência pode ser escrita como $(a_1, a_2, a_3, ..., a_n, ...)$, em que **a** representa o termo e **n** é o índice, que indica a posição do termo, sempre contando da esquerda para a direita.

Assim, considerando a sequência (1, 5, 9, 13, 17), então $a_2 + a_5$, é o mesmo que 5 + 17 = 22; e $a_3 - a_4$, 9 − 13 = −4.

É possível encontrar uma sequência com base em uma fórmula geral. Por exemplo, veja como os cinco primeiros termos da sequência $a_n = 5n + 1$, $n \subset \mathbb{N}^*$ foram encontradas:

$a_1 = 5 \cdot 1 + 1 = 6$
$a_2 = 5 \cdot 2 + 1 = 11$
$a_3 = 5 \cdot 3 + 1 = 16$
$a_4 = 5 \cdot 4 + 1 = 21$
$a_5 = 5 \cdot 5 + 1 = 26$

4.1.1 Progressões aritméticas (PA): conceito

São sucessões em que cada termo a partir do segundo é igual ao anterior **somado** a um valo fixo chamado *razão* (**r**). São exemplos de PA:

- (1, 11, 21, 31, 41, ...)
  r = 10 (PA crescente)
- (6, 3, 0, −3, −6, −9, −12)
  r = −3 (PA decrescente)
- (2x, 7x, 12x, 17x, ...) r = 5x
- $(1, \frac{1}{2}, 0, -\frac{1}{2}, -1, -\frac{3}{2})$
  $r = -\frac{1}{2}$
- (7, 7, 7, 7, 7, ...)
  r = 0 (PA constante)

4.1.2 Fórmula do termo geral de uma PA

Para facilitar, tomemos a progressão (4, 7, 10, 13, 16, 19, 22) como exemplo. Assim:

- $7 = 4 + 3$, ou seja, $a_2 = a_1 + 1r$;
- $10 = 4 + 3 + 3$, ou seja, $a_3 = a_1 + 2r$;
- $13 = 4 + 3 + 3 + 3$, ou seja, $a_4 = a_1 + 3r$.

Analisando esses ítens, concluímos que:

$$a_n = a_1 + (n-1) \cdot r$$

Em que:

- a_n é um termo qualquer de ordem n (pode ser também o último);
- a_1 é o primeiro termo;
- n é o número de termos;
- r é a razão.

Portanto, a fórmula serve para descobrir qualquer um dos quatro elementos.

Exemplos

I. Calcule o 100º termo da PA (1, 5, 9, 13, ...).
Pela fórmula, sabemos que
$a_{100} = a_1 + (100 - 1) \cdot r$
Então:
$a_{100} = 1 + 99 \cdot 4 = 397$

II. Calcule o número de termos da PA (7, 14 21, 28, ... , 735).
$a_n = a_1 + (n-1) \cdot r$
$735 = 7 + (n-1) \cdot 7$
$735 = 7 + 7n - 7 \rightarrow 735 = 7n \rightarrow n = 105$

4.1.3 Fórmula da soma dos termos de uma PA

Carl Friedrich Gauss, o Príncipe da Matemática, quando era ainda aluno nas séries iniciais do ensino fundamental, recebeu de seu professor a incumbência de somar todos os números naturais entre 1 e 100. Pouco tempo depois, Gauss apresentou ao professor o cálculo pronto, o que provocou surpresa. Ele havia deduzido a fórmula da soma dos termos da PA.

Gauss percebeu que, se a sequência fosse disposta de maneira crescente e depois decrescente e em seguida somadas, chegava-se a:

$$\begin{array}{c} 1 + 2 + 3 + \ldots + 50 + \ldots + 98 + 99 + 100 \\ 100 + 99 + 98 + \ldots + 51 + \ldots + 3 + 2 + 1 \\ \hline 101 + 101 + 101 + \ldots + 101 + \ldots + 101 + 101 + 101 \end{array}$$

Assim procedendo, percebeu que havia 100 parcelas iguais a 101.

A soma, portanto, é $(101 \cdot 100) : 2$, uma vez que Gauss somou toda a sequência duas vezes. Dessa maneira, a fórmula pode ser escrita da seguinte forma:

$$S_n = \frac{(a_1 + a_n) \cdot n}{2}$$

Exemplo

Calcule a soma dos 100 primeiros números ímpares.

Primeiramente, precisamos achar o 100º número natural ímpar, uma vez que conhecemos apenas os primeiros (1, 3, 5, 7, 9, ...). Assim:

$a_{100} = a_1 + (100 - 1) \cdot r$
$a_{100} = 1 + 99 \cdot 2 = 199$

Só então podemos calcular a soma:

$$S_{100} = \frac{(a_1 + a_n) \cdot n}{2} = \frac{(1 + 199) \cdot 100}{2} =$$

$$= \frac{200 \cdot 100}{2} = 100 \cdot 100 = 10\,000$$

Exercícios

1) Qual é o 47º termo da PA (–3, 1, 5, ...)?
   a) 118
   b) 121
   c) 141
   d) 181
   e) 201

2) Qual é o termo de valor 327 da PA cujo primeiro termo é 7 e a razão, 4?
   a) a_{81}
   b) a_{100}
   c) a_{31}
   d) a_{18}
   e) a_{60}

3) Em uma PA de 15 termos, o primeiro vale –2 e o último 96. Qual é a razão dessa progressão?
   a) 3
   b) 4
   c) 5
   d) 6
   e) 7

4) Em uma PA, $a_{20} = 411$ e $a_{19} = 403$. Qual o primeiro termo?
   a) 952
   b) 925
   c) 592
   d) 529
   e) 259

5) Quantos palitos serão necessários para fazer a 25ª figura da sequência?

Figura 1 — 4 palitos
Figura 2 — 7 palitos
Figura 3 — 10 palitos

   a) 75
   b) 76
   c) 77

d) 78
e) 79

6) Um certo cometa é avistado em nosso planeta uma vez a cada 76 anos. Sabendo que sua última aparição foi em 2011, quando ele foi visto pela primeira vez na era Cristã?
   a) ano 1
   b) ano 10
   c) ano 25
   d) ano 35
   e) ano 65

7) O primeiro termo de uma PA é 5 e o último é 161. Sabendo que o número de termos é igual à razão, qual o valor da razão?
   a) 11
   b) 12
   c) 13
   d) 14
   e) 15

8) Quanto vale a soma dos 100 primeiros números naturais pares, considerando o zero como o primeiro número par?
   a) 10 000
   b) 9 900
   c) 9 000
   d) 8 900
   e) 8 000

9) Uma criança resolveu poupar para comprar um brinquedo. Com a ajuda de seu pai, começou depositando uma moeda de R$ 1,00 em seu cofrinho. A cada dia que passava, aumentava um real no valor depositado no dia anterior. Após fazer isso durante 30 dias, quanto ela conseguiu economizar?
   a) R$ 465
   b) R$ 455
   c) R$ 445
   d) R$ 355
   e) R$ 300

10) Um comandante dispõe seus 780 homens em um pelotão triangular. Na primeira fileira, fica apenas um soldado, na segunda dois, na terceira três e assim por diante. Quantas filas terá o pelotão?
    a) 41
    b) 40
    c) 39
    d) 38
    e) 37

4.2 Progressões geométricas (PG)

Progressões geométricas (PG) são sequências ou sucessões em que cada termo a partir do segundo é igual ao anterior **multiplicado** por um valor constante chamado *razão* **(q)**:

- (1, 2, 4, 8, 16, 32, ...)
  q = 2, (PG crescente e infinita)
- (100, 50, 25, $\frac{25}{2}$, $\frac{25}{4}$)
  q = $\frac{1}{2}$ (PG decrescente e finita)
- (7, –14, 28, –56, 112, ...)
  q = –2 (PG alternante e infinita)
- (8, 8, 8, 8, 8, 8, 8)
  q = 1 (PG constante)

4.2.1 Fórmula geral da PG

Para facilitar o entendimento, tomemos uma PG e verifiquemos o que acontece com o cálculo de um termo qualquer a partir do primeiro. Seja a PG (2, 6, 18, 54, 162, 486, ...), então:

$a_2 = 2 \cdot 3 = a_1 \cdot q$
$a_3 = 2 \cdot 3 \cdot 3 = a_1 \cdot q \cdot q = a_1 \cdot q^2$
$a_4 = 2 \cdot 3 \cdot 3 \cdot 3 = a_1 \cdot q \cdot q \cdot q = a_1 \cdot q^3$
$a_5 = 2 \cdot 3 \cdot 3 \cdot 3 \cdot 3 = a_1 \cdot q \cdot q \cdot q \cdot q = a_1 \cdot q^4$

Assim, concluímos que:

$$a_n = a_1 \cdot q^{n-1}$$

Em que:

- a_n é um termo qualquer (normalmente o último);
- a_1 é o primeiro termo;
- n é o número de termos;
- q é a razão (única letra que difere da PA).

Exemplos

I. Calcule o 20º termo da PG (1, 2, 4, 8, ...).
$a_n = a_1 \cdot q^{n-1}$
$a_{20} = a_1 \cdot q^{20-1} = 1 \cdot 2^{19} = 2^{19}$ (que pode ficar na forma de potência mesmo).

II. Calcule o número de termos da PG (1, 3, 9, ... , 2 187).
Substituímos os valores na fórmula geral
$a_n = a_1 \cdot q^{n-1}$
$2\,187 = 1 \cdot 3^{n-1}$
Fatorando 2 187, temos 3^7:
$3^7 = 3^{n-1} \rightarrow 7 = n - 1 \rightarrow n = 8$

4.2.2 Fórmula da soma dos termos de uma PG finita

Existem duas fórmulas conhecidas para calcular a soma dos termos de uma PG, cada uma delas empregada de acordo com a necessidade:

$$S_n = \frac{a_1 \cdot (q^n - 1)}{q - 1}$$

Ou ainda:

$$S_n = \frac{a_n \cdot q - a_1}{q - 1}$$

A primeira fórmula é mais interessante, pois normalmente não se conhece o último termo da PG.

Exemplo

Calcule a soma dos termos da PG (1, 2, 4, 8, 16, ..., 1 024).

O primeiro problema é saber quantos termos tem a PG. Para isso, precisamos usar a fórmula geral:

$a_n = a_1 \cdot q^{n-1}$

$1\,024 = 1 \cdot 2^{n-1}$

Fatorando 1 024, chegamos a 2^{10}.

$2^{10} = 2^{n-1}$

$10 = n - 1$

$n = 11$

Agora, podemos calcular a soma:

$S_n = \dfrac{a_1 \cdot (q^n - 1)}{q - 1} = \dfrac{1 \cdot (2^{11} - 1)}{2 - 1} = 2\,048 - 1 = 2\,047$

4.2.3 Fórmula da soma dos termos de uma PG infinita

Por mais incrível que pareça, é possível calcular uma soma infinita, mas para isso é fundamental que $-1 < q < 1$ (ou seja, a razão deve estar entre −1 e 1) e que **q** seja diferente de zero ($q \neq 0$).

Usaremos para símbolo da soma infinita S_∞. Dessa maneira:

$$S_\infty = \dfrac{a_1}{1 - q}$$

Exemplo

Calcule a soma dos termos da seguinte PG:

$(3, 1, \dfrac{1}{3}, \dfrac{1}{9}, ...)$.

Para começar, a razão é $q = \dfrac{1}{3}$, ou seja, está entre −1 e 1.

Assim:

$S_\infty = \dfrac{a_1}{1 - q} = \dfrac{3}{1 - \dfrac{1}{3}} = \dfrac{3}{\dfrac{2}{3}} = \dfrac{9}{2}$

Exercícios

1) As algas de um lago dobram de área todos os dias. Sabendo que no 50º dia cobriram todo o lago, quanto tempo levou para cobrir metade?
   a) 25 dias.
   b) 30 dias.
   c) 35 dias.
   d) 40 dias.
   e) 49 dias.

2) Quantos termos tem a PG (2, 6, 18, ..., 486)?
   a) 4
   b) 5
   c) 6

d) 7
e) 8

3) Qual o centésimo termo da sequência (1, 2, 4, ...)?
   a) $2 \cdot 100$
   b) 2^{99}
   c) 100^2
   d) $2^{99} - 1$
   e) $2^{99} + 1$

4) Sabendo que o 8º termo de uma PG em que $a_1 = \dfrac{2}{125}$ é 1 250, qual a razão da sucessão?
   a) $q = \dfrac{2}{5}$
   b) $q = \dfrac{5}{2}$
   c) $q = 2$
   d) $q = 5$
   e) $q = 25$

5) Na sequência $(\dfrac{1}{8}, \dfrac{1}{32}, \dfrac{1}{128}, ...)$, o valor mais próximo da soma infinita é:
   a) 0,15
   b) 0,20
   c) 0,25
   d) 0,30
   e) 0,35

6) Uma bola cai no chão de uma altura de 100 metros. Cada vez que bate no chão, volta sempre à metade da altura que caiu até parar totalmente. Qual a distância total percorrida pela bola?
   a) 100 m
   b) 200 m
   c) 300 m
   d) 400 m
   e) 500 m

7) Se colocarmos um grão de trigo na primeira casa de um tabuleiro de xadrez, duas na segunda, quatro na terceira e assim por diante até a 64ª casa, quantos grãos teremos no total?
   a) $2^{64} + 1$
   b) 2^{64}
   c) $2^{64} - 1$
   d) $2^{64} - 2$
   e) 2^{63}

8) Em uma PG, o décimo terceiro termo vale 215. Sabendo que a razão vale 2, qual o valor do primeiro termo?
   a) 2
   b) 3
   c) 5
   d) 8
   e) 15

9) A equação x + 3x + ... + 729x = 850 tem no primeiro membro a soma de uma PG. Qual o valor de x na equação?
   a) 1
   b) 2
   c) 3
   d) 4
   e) 5

10) Um vendedor fez uma proposta aparentemente irrecusável a qualquer pessoa. Vendeu um carro novo da seguinte maneira: no primeiro dia o comprador pagaria R$ 0,01, no segundo dia R$ 0,02, no terceiro dia R$ 0,04 e assim por diante durante 30 dias. Se o comprador não pudesse pagar as parcelas, devolveria o bem e perderia o dinheiro pago. Quanto pagaria o comprador se tivesse ido até a última parcela?
   a) Entre R$ 1 000,00 e R$ 100 000,00.
   b) Entre R$ 100 000,00 e R$ 1 000 000,00.
   c) Entre R$ 1 000 000,00 e R$ 100 000 000,00.
   d) Entre R$ 100 000 000,00 e R$ 1 000 000 000,00.
   e) Mais de R$ 1 000 000 000,00.

5.1 Potenciação

É importante revisar algumas propriedades da potenciação antes de começar o estudo das progressões.

Potenciação é a operação matemática que indica quantas vezes a base deve ser multiplicada por ela mesma:

(base)^{expoente} = potência

Dessa maneira:

- $2^3 = 2 \cdot 2 \cdot 2 = 8$
- $(-3)^3 = (-3) \cdot (-3) \cdot (-3) = -27$
- $4^5 = 4 \cdot 4 \cdot 4 \cdot 4 \cdot 4 = 1\,024$

5.1.1 Propriedades da potenciação

- Toda base diferente de zero, quando elevada a zero, é igual a 1:
  a. $2^0 = 1$
  b. $15^0 = 1$
  c. $(-3)^0 = 1$
  d. $\left(\dfrac{2}{3}\right)^0 = 1$

- Toda base elevada a 1 é igual a ela mesma:
  a. $5^1 = 5$
  b. $(-7)^1 = -7$
  c. $\left(\dfrac{2}{3}\right)^1 = \dfrac{2}{3}$

- Quando **multiplicamos** potências de mesma base, repetimos a base e somamos os expoentes:
  a. $2^2 \cdot 2^3 = 2^{2+3} = 2^5$
  b. $7^1 \cdot 7^2 \cdot 7^3 = 7^{1+2+3} = 7^6$
  c. $a^m \cdot a^n = a^{m+n}$

- Quando **dividimos** potências de mesma base, mantemos a base e subtraímos os expoentes:
  a. $7^{14} : 7^6 = 7^{14-6} = 7^8$
  b. $14^5 : 14^{10} = 14^{5-10} = 14^{-5}$
  c. $a^m : a^n = a^{m-n}$

- Quando **elevamos** uma potência a outra, repetimos a base e multiplicamos os expoentes:
  a. $(2^2)^3 = 2^{2 \cdot 3} = 2^6$
  b. $(7^3)^5 = 7^{3 \cdot 5} = 7^{15}$
  c. $(a^m)^n = a^{m \cdot n}$

Observação

Se houver um produto ou quociente dentro dos parênteses, eleva-se cada um dos termos. Assim: $(2^3 \cdot 5^2)^7 = 2^{21} \cdot 5^{14}$

- Em potências de expoente negativo, invertemos a base e trocamos o sinal do expoente:
  a. $2^{-3} = \dfrac{1}{2^3}$
  b. $\left(\dfrac{2}{5}\right)^{-1} = \dfrac{5}{2}$
  c. $\left(\dfrac{a}{b}\right)^{-m} = \left(\dfrac{b}{a}\right)^m$

5.1.2 Potências de base 10

Todo número composto apenas pelo número 1 e seguido por zeros pode ser escrito como potência de base 10.

Quando o número é maior que um, contamos os zeros:

a. $1\,000\,000 = 10^6$
b. $100\,000\,000\,000 = 10^{11}$

Quando for menor que um, contamos as casas decimais após a vírgula:

a. $0,001 = 10^{-3}$
b. $0,000\,000\,01 = 10^{-8}$

Exercícios

1) O valor correto de -2^3 é:
   a) -6
   b) 6
   c) 8
   d) -8
   e) 9

2) O valor da expressão $25 \cdot 24 : 27$ é:
   a) 2
   b) 4
   c) 2^{16}
   d) 32
   e) 2^8

3) Qual dos valores a seguir é igual a um?
   a) $0,99 : 9$
   b) $0,001^2$
   c) -1^2
   d) 172^0
   e) $4 + 4 : 8$

4) Quando calculamos $(2^3)^4$, obtemos com resultado:
   a) 9
   b) 24
   c) 2^7
   d) 2^{12}
   e) 2^{81}

5) O resultado de $\left(\dfrac{2}{5}\right)^{-2}$ é:
   a) $-\dfrac{4}{5}$
   b) $-\dfrac{5}{4}$
   c) $\dfrac{4}{25}$
   d) $6,25$
   e) $\dfrac{10}{4}$

6) Uma das representações de $(0,001)^{-2}$ é:
   a) 10^6
   b) 10^5
   c) 10^4
   d) 10^3
   e) 10^2

7) O resultado de $(100\,000^3)^4$ pode ser escrito como:
   a) $100\,000^7$
   b) 10^{12}
   c) 10^{60}
   d) 100^{36}
   e) $1\,000^{30}$

8) Utilizando as propriedades para facilitar o cálculo, podemos concluir que $105 : (24 \cdot 54)$ é igual a:
   a) 1
   b) 10
   c) 100
   d) 1 000
   e) 10 000

9) Em matemática, chama-se de *googol* o número 10^{100}. Esse número, quando representado na forma decimal, tem quantos zeros?
   a) 10
   b) 100
   c) 101
   d) 1 000
   e) 1 001

10) Quando pedimos a metade da metade da metade de algo, na verdade calculamos uma potência. Qual?
    a) $\left(\dfrac{1}{2}\right)^2$
    b) 2^2
    c) 2^3
    d) 2^{-2}
    e) 2^{-3}

5.2 Equações exponenciais

São aquelas em que a incógnita está no expoente. Para entender esse assunto mais sistematicamente, vamos dividir essas equações em três tipos.

5.2.1 1º tipo

Nesse tipo de equação, fatoramos as bases em ambos os membros da equação e as agrupamos considerando suas propriedades, chegando assim a uma mesma base:

$$a^{f(x)} = a^{g(x)}, \text{ em que } a > 0 \text{ e } a \neq 1$$

a.
$$4^{2x-5} = \left(\dfrac{1}{16}\right)^{2x+1}$$

$$(2^2)^{2x-5} = \left(\dfrac{1}{2^4}\right)^{2x+1}$$

$$2^{4x-10} = (2^{-4})^{2x+1}$$

$$2^{4x-10} = 2^{-8x-4}$$

$$4x - 10 = -8x - 4$$

$$12x = 6$$

$$x = \dfrac{6}{12} = \dfrac{1}{2}$$

b. $5^{2+x} \cdot 25^{x-1} = 5^3 \cdot 125^{2-2x}$
$5^{2+x} \cdot (5^2)^{x-1} = 5^3 \cdot (5^3)^{2-2x}$
$5^{2+x} \cdot 5^{2x-2} = 5^3 \cdot 5^{6-6x}$
$5^{2+x+2x-2} = 5^{3+6-6x}$
$2 + x + 2x - 2 = 3 + 6 - 6x$
$3x + 6x = 9$
$x = \dfrac{9}{9} = 1$

5.2.2 2º tipo

Nas equações desse tipo, não é possível deixar cada membro da equação com a mesma base. Além disso, aparecem no expoente somas e subtrações; pelas propriedades, as bases deverão ser separadas em produtos e quocientes. É interessante também utilizar uma incógnita auxiliar para facilitar os cálculos:

a. $2^{x+1} + 2^{x+2} + 2^x = 56$
$2^x \cdot 2^1 + 2^x \cdot 2^2 + 2^x = 56$

Embora não seja obrigatório, a resolução fica mais fácil quando trocamos 2^x por y:

$2 \cdot y + 4 \cdot y + y = 56$
$7y = 56$
$y = 8$

Mas lembre-se de que trocamos 2^x por y, portanto, devemos desfazer essa troca:
$2^x = 8 \rightarrow 2^x = 2^3 \rightarrow x = 3$

b. $5^{x-1} - 5^x + 5^{x+1} = 105$
$\dfrac{5^x}{5^1} - 5^x + 5^x \cdot 5^1 = 105$
$\dfrac{y}{5} - y + 5y = 105$
$\dfrac{y}{5} - \dfrac{5y}{5} + \dfrac{25y}{5} = \dfrac{525}{5}$
$21y = 525$
$y = 25$

Mais uma vez é preciso retornar à incógnita anterior:
$5^x = 25 \rightarrow 5^x = 5^2 \rightarrow x = 2$

5.2.3 3º tipo

O principal indicativo de que se trata de uma equação do terceiro tipo é que encontramos no expoente dos termos uma incógnita e o seu dobro, o que, após a troca de incógnita, nos leva a uma equação do segundo grau:

a. $2^{2x} + 2^x - 20 = 0$
Substituindo 2^x por y, temos:
$y^2 + y - 20 = 0$
$y = \dfrac{-1 \pm \sqrt{1^2 - 4 \cdot 1 \cdot (-20)}}{2 \cdot 1}$
$y = \dfrac{-1 \pm \sqrt{1 + 80}}{2} = \dfrac{-1 \pm 9}{2}$
$y_1 = -5$ e $y_2 = 4$

A equação começou com x e agora precisamos voltar a incógnita original. O y_1 não convém, pois 2^x não pode ser negativo. De $y_2 = 4$, temos que $2^x = 4 \to x = 2$.

b. $5^{2x} + 3 \cdot 5^x - 40 = 0$

Trocando 5^x por y:

$y^2 + 3y - 40 = 0$

$y = \dfrac{-3 \pm \sqrt{3^2 - 4 \cdot 1 \cdot (-40)}}{2 \cdot 1}$

$y = \dfrac{-3 \pm \sqrt{169}}{2} = \dfrac{-3 \pm 13}{2}$

$y_2 = -8$ e $y_2 = 5$

Como antes, a solução –8 não convém, então $5^x = 5^1 \to x = 1$.

Exercícios

1) A solução da equação $2^{2x+1} = 2^{x-1}$ é:
   a) 1
   b) 2
   c) 0
   d) –2
   e) 1

2) O valor de x que verifica a equação $4^{2x-3} = 8^{4-5x}$ é:
   a) $\dfrac{18}{19}$
   b) $\dfrac{19}{18}$
   c) $\dfrac{17}{19}$
   d) $\dfrac{19}{17}$
   e) $\dfrac{19}{19}$

3) A raiz da equação $\left(\dfrac{2}{3}\right)^{5x-2} = \left(\dfrac{3}{2}\right)^{3-x}$ é:
   a) –4
   b) $-\dfrac{1}{4}$
   c) $\dfrac{1}{4}$
   d) 4
   e) –1

4) Uma das raízes de $2^{2x} - 5 \cdot 2^x + 4 = 0$ é 2. A outra raiz é:
   a) 5
   b) 4
   c) 2
   d) 1
   e) 0

5) O conjunto solução da equação $2^x + 2^{x+1} + 2^{x+2} = 14$ é:
   a) $S = \{2\}$
   b) $S = \{-2\}$
   c) $S = \{1\}$
   d) $S = \{-1\}$
   e) $S = \{2, -2\}$

6) A soma das raízes da equação $3^{2x} - 12 \cdot 3^x + 27 = 0$ é:
   a) 12
   b) 9
   c) 6
   d) 3
   e) 0

7) Podemos resolver um sistema de equações exponenciais reduzindo-o a um sistema linear (primeiro grau) comum. O conjunto solução do sistema $\begin{cases} 2^{x+y} = 8 \\ 2^{x-y} = 2 \end{cases}$ é:
   a) S = {1, 2}
   b) S = {1, 1}
   c) S = {2, 2}
   d) S = {2, 1}
   e) S = {2, –1}

8) Uma das soluções da equação $2^{x^2 - 5x + 6} = 1$ é o número 2. A outra solução é um número:
   a) par.
   b) múltiplo de 5.
   c) divisor de 14.
   d) primo.
   e) maior que 7.

9) Resolvemos inequações exponenciais da mesma forma que resolvemos equações. A única diferença é que, quando a base é menor que 1, devemos inverter o sinal da desigualdade ao comparar os expoentes. Assim, a solução da inequação $(0,1)^{7-2x} > (0,1)^{3x+2}$ é:
   a) {x ∈ ℝ / x > 1}.
   b) {x ∈ ℝ / x ≤ 1}.
   c) {x ∈ ℝ / x ≥ 1}.
   d) {x ∈ ℝ / x < 1}.
   e) {x ∈ ℝ / x > –1}.

10) Sabendo-se que $3^x = 7$, quanto vale 3^{-x}?
    a) –7
    b) $\dfrac{1}{3}$
    c) $\dfrac{1}{7}$
    d) –3
    e) $\dfrac{3}{7}$

5.3 Funções exponenciais

Analise a situação a seguir:

Metade do princípio ativo de certo remédio demora 6 horas para que seja absorvido pelo organismo. Quanto restará deste remédio, em porcentagem, após 24 horas? Esse problema é um exemplo de aplicação de **função exponencial**. Podemos definir *função exponencial* como toda função do tipo $f(x) = a^x$, em que $1 \neq a > 0$

Existem dois tipos de gráfico de funções exponenciais:

1º tipo: a > 1, e o gráfico será crescente.
$f(x) = 2^x$

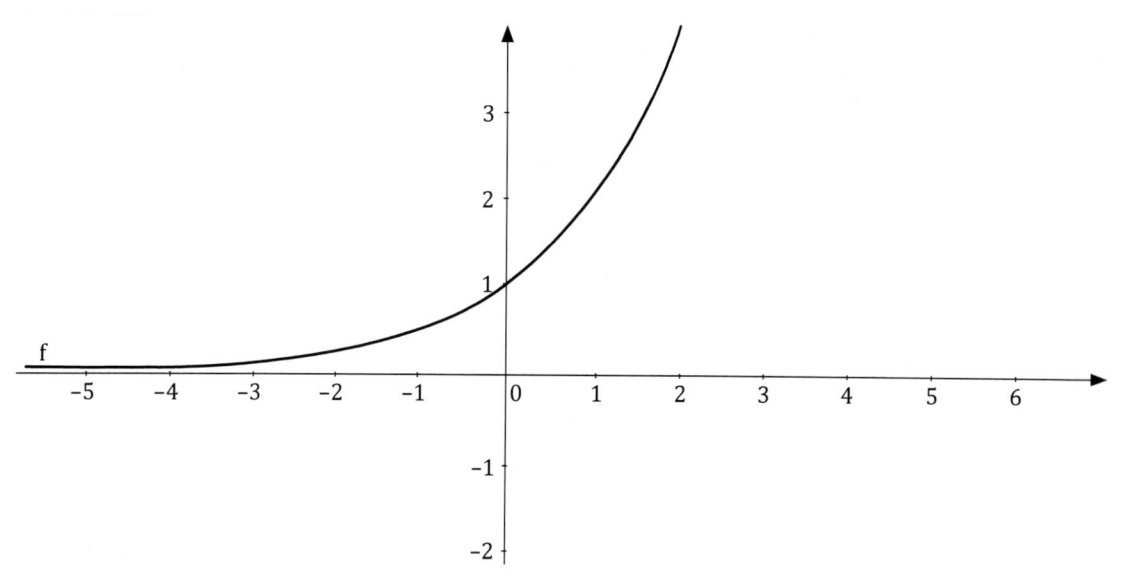

2º tipo: 0 < a < 1, e o gráfico será decrescente.
$f(x) = \left(\dfrac{1}{2}\right)^x$

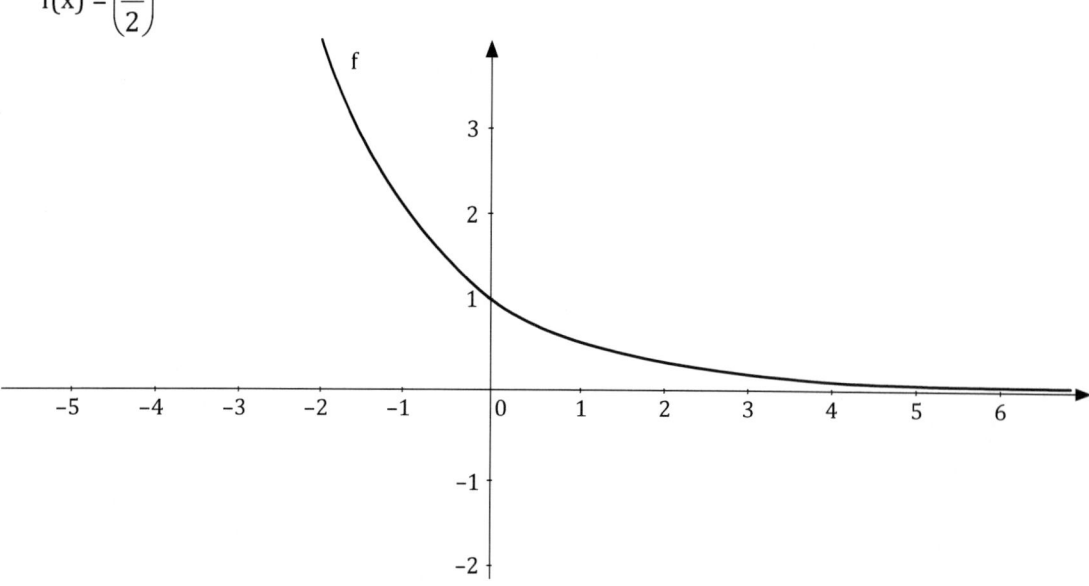

Muitos problemas que envolvem exponenciais utilizam-se da função $f(x) = P_0 \cdot a^{bx}$, sendo:

- P_0 um valor inicial;
- x normalmente o tempo.

Os problemas de juros compostos também utilizam a fórmula $M = C(1 + i)^t$, em que:

- t é tempo;
- o montante é uma função exponencial.

5.3.1 Inequações exponenciais

Depois de estudar funções exponenciais crescentes e decrescentes, é mais fácil entender que as inequações podem ser divididas em dois tipos.

1º tipo: base > 1
1. Mantemos os dois membros na mesma base.
2. Simplificamos as bases.
3. Mantemos o sinal da desigualdade.

Exemplo

$2^{3x-1} > 2^{2x+1}$

$3x - 1 > 2x + 1$

$x > 2$

$S = \{x \in \mathbb{R} \,/\, x > 2\}$

2º tipo: 0 < base < 1
1. Escrevemos ambos os membros na mesma base.
2. Simplificamos as bases.
3. Invertemos o sinal da desigualdade.

Exemplo:

$\dfrac{1}{2}^{3x-1} > \dfrac{1}{2}^{2x+1}$

$3x - 1 < 2x + 1$

$x < 2$

$S = \{x \in \mathbb{R} \,/\, x < 2\}$

Exercícios

1) Qual dos valores a seguir faz parte do conjunto solução da inequação $7^{3x+6} > 1$?
   a) −5
   b) −4
   c) −3
   d) −2
   e) −1

DICA: o número 1 pode ser trocado por qualquer outra base elevada a zero.

2) Qual é o conjunto solução da inequação $\dfrac{2}{3}^{4x-1} \leq \dfrac{3}{2}^{2x-7}$?

   a) $\{x \in \mathbb{R} \mid x > \dfrac{4}{3}\}$
   b) $\{x \in \mathbb{R} \mid x < \dfrac{4}{3}\}$
   c) $\{x \in \mathbb{R} \mid x \geq \dfrac{4}{3}\}$
   d) $\{x \in \mathbb{R} \mid x \leq \dfrac{4}{3}\}$
   e) $\{x \in \mathbb{R} \mid x \geq \dfrac{3}{4}\}$

3) Sabendo que $P(t) = P_0 \cdot 2^{a \cdot t}$ fornece o número de indivíduos de uma certa cultura após **t** horas, e que $P(0) = 5$ e $P(2) = 80$, os valores de P_0 e **a** são, na ordem:

   a) 5 e 2
   b) 2 e 5
   c) –2 e 5
   d) 5 e –2
   e) –2 e –5

4) Certo empréstimo de R$ 2 500,00 foi feito com juro de 1% ao mês para ser totalmente pago após um ano. Qual o montante?

   a) $2\,500 \cdot (1 + 0{,}1)^{12}$
   b) $2\,500 \cdot (1 + 0{,}01)^{12}$
   c) $2\,500 \cdot (1 + 0{,}001)^{12}$
   d) $2\,500 \cdot (1 + 1)^{12}$
   e) $2\,500 \cdot (1 + 1{,}1)^{12}$

5) Chama-se *meia vida* de uma substância química o tempo necessário para que ela perca metade de sua massa molecular. A meia vida de um composto é dada por $f(t) = 100 \cdot \left(\dfrac{1}{2}\right)^t$, em que **t** é dado em minutos. Qual o tempo necessário para que se consiga 6,25 gramas da substância?

   a) 32 minutos.
   b) 16 minutos.
   c) 8 minutos.
   d) 4 minutos.
   e) 2 minutos.

6) Uma amostra de vírus cresce de acordo com a fórmula $N(t) = N_0 \cdot 3^t$, sendo $N(t)$ o número de indivíduos, N_0 o número inicial de indivíduos e **t**, o tempo dado em horas. Sabendo que no início havia 5 indivíduos, após quanto tempo teremos 1 215?

   a) 1 hora.
   b) 2 horas.
   c) 3 horas.
   d) 4 horas.
   e) 5 horas.

7) Dadas as funções exponenciais representadas no gráfico a seguir, é correto assinalar que:

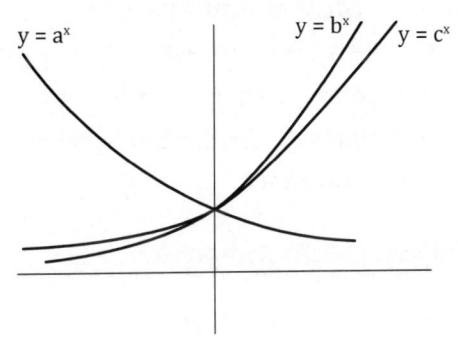

a) a < b < c
b) a < b < c
c) b < a < c
d) a < c < b
e) c < a < b

8) As funções $f(x) = 4^{2x-1}$ e $g(x) = 8^x$ têm um ponto em comum. A soma das coordenadas desse ponto é:
a) 2
b) 64
c) 2^{64}
d) 64^2
e) 66

9) A função $N(t) = 5\,000 \cdot 2^{-0,01 \cdot t}$ indica o número de indivíduos de um certo lugar no instante **t**, dado em anos. Após quanto tempo teremos apenas 625 indivíduos?

a) 100 anos.
b) 200 anos.
c) 300 anos.
d) 400 anos.
e) 500 anos.

10) O crescimento de uma cultura de bactérias é dado pela fórmula $B(t) = 100 \cdot 3^{2t}$, em que B(t) indica o número de bactérias e **t** é o tempo dado em segundos. Dessa maneira, após quanto tempo haverá 72 900 bactérias?
a) 1 segundo.
b) 2 segundos.
c) 3 segundos.
d) 4 segundos.
e) 5 segundos.

5.4 Propriedades da radiciação

Primeiramente, vamos lembrar o que significa calcular uma raiz qualquer, como $\sqrt[n]{a} = b$.

Relembrando o nome dos elementos:

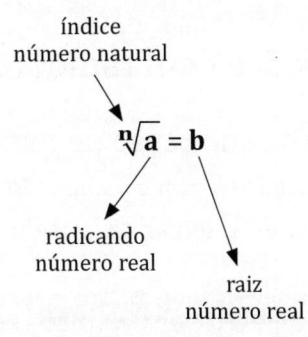

índice
número natural

$\sqrt[n]{a} = b$

radicando
número real

raiz
número real

Essa expressão indica que **b** multiplicado por ele mesmo **n** vezes é igual a **a**.

Desse modo:

$\sqrt{49} = 7$, pois $7 \cdot 7 = 49$

$\sqrt[3]{8} = 2$, pois $2 \cdot 2 \cdot 2 = 8$

$\sqrt[4]{625} = 5$, pois $5 \cdot 5 \cdot 5 \cdot 5 = 625$

$\sqrt[5]{-1} = -1$, pois $(-1) \cdot (-1) \cdot (-1) \cdot (-1) \cdot (-1) = -1$

No entanto, $\sqrt{-4}$ não é um número real, pois não existe número real que, multiplicado por si mesmo duas vezes, resulte em -4.

5.4.1 Retirada de um fator do radicando

Para simplificar uma raiz, devemos fatorar o radicando e agrupar esses fatores em grupos que tenham expoente igual ao índice. Os fatores que tiverem o mesmo expoente do índice perdem esse expoente (processo de simplificação) e saem do radicando:

a. $\sqrt{108} = \sqrt{2^2 \cdot 3^2 \cdot 3} = 2 \cdot 3 \cdot \sqrt{3} = 6\sqrt{3}$

b. $\sqrt[4]{1\,024} = \sqrt[4]{2^4 \cdot 2^4 \cdot 2^2} = 2^2 \sqrt[4]{2^2} = 4\sqrt[4]{4}$

5.4.2 Operações com radicais

5.4.2.1 Adição ou subtração de radicais

Quando os radicais tiverem mesmo índice e radicando, podemos repeti-los e somar seus coeficientes.

Exemplos

a. $\sqrt{2} + 3\sqrt{2} = 1\sqrt{2} + 3\sqrt{2} = 4\sqrt{2}$

b. $10\sqrt[5]{3} - 4\sqrt[5]{3} + 2\sqrt[5]{3} = 8\sqrt[5]{3}$

5.4.2.2 Multiplicação ou divisão de radicais

Em radicais de mesmo índice, multiplicamos ou dividimos coeficientes e radicandos.

Exemplos

a. $3\sqrt{2} \cdot 2\sqrt{5} = 6\sqrt{10}$

b. $16\sqrt[5]{8} : 2\sqrt[5]{4} = 8\sqrt[5]{2}$

5.4.2.3 Propriedades

■ O radical de um produto é igual ao produto dos radicais:

a. $\sqrt{36} = \sqrt{4 \cdot 9} = \sqrt{4} \cdot \sqrt{9} = 2 \cdot 3$

b. $\sqrt{3} \cdot \sqrt{3} = \sqrt{3 \cdot 3} = \sqrt{9} = 3$

Observação
A propriedade só é válida se os radicandos forem maiores ou iguais a zero.

■ O radical de um quociente é igual ao quociente dos radicais:

a. $\sqrt{\dfrac{4}{9}} = \dfrac{\sqrt{4}}{\sqrt{9}} = \dfrac{2}{3}$

b. $\sqrt{0{,}36} = \sqrt{\dfrac{36}{100}} = \dfrac{\sqrt{36}}{\sqrt{100}} = \dfrac{6}{10} = 0{,}6$

> **Observação**
> Além dos radicandos não serem negativos, o denominador não pode ser igual a zero.

- Quando elevamos um radical a uma potência, elevamos o radicando e o coeficiente:

a. $\left(\sqrt{5}\right)^7 = \sqrt{5^7}$

b. $\left(2 \cdot \sqrt[3]{4}\right)^2 = 2^2 \cdot \sqrt[3]{4^2}$

> **Observação**
> O primeiro caso pode ser simplificado; não fizemos esse procedimento para não misturar os casos.

- Quando um radicando está sob vários radicais, podemos escrever como um só radical cujo índice será o produto dos índices:

a. $\sqrt{\sqrt{\sqrt{3}}} = \sqrt[3]{3}$

b. $\sqrt[3]{\sqrt[5]{7}} = \sqrt[15]{7}$

- Todo radical pode ser escrito como potência de expoente racional:

a. $\sqrt{2} = 2^{\frac{1}{2}}$

b. $\sqrt[3]{2^5} = 2^{\frac{5}{3}}$

5.4.3 Racionalização de denominadores

Muito mais por motivos históricos do que pela facilidade de cálculo, os denominadores não devem ser irracionais.

5.4.3.1 1º caso: raiz quadrada

Multiplicamos numerador e denominador pela mesma raiz:

a. $\dfrac{5}{\sqrt{2}} = \dfrac{5}{\sqrt{2}} \cdot \dfrac{\sqrt{2}}{\sqrt{2}} = \dfrac{5\sqrt{2}}{2}$

b. $\dfrac{\sqrt{2}}{\sqrt{3}} = \dfrac{\sqrt{2}}{\sqrt{3}} \cdot \dfrac{\sqrt{3}}{\sqrt{3}} = \dfrac{\sqrt{6}}{3}$

5.4.3.2 2º caso: raiz de índice superior

Multiplicamos denominadores e numeradores pela raiz de mesmo índice e com radicando em número suficiente para eliminar a raiz:

a. $\dfrac{5}{\sqrt[3]{2}} = \dfrac{5}{\sqrt[3]{2}} \cdot \dfrac{\sqrt[3]{2^2}}{\sqrt[3]{2^2}} = \dfrac{5\sqrt[3]{4}}{2}$

b. $\dfrac{-2}{\sqrt[5]{3^2}} = \dfrac{-2}{\sqrt[5]{3^2}} \cdot \dfrac{\sqrt[5]{3^3}}{\sqrt[5]{3^3}} = \dfrac{-2\sqrt[5]{27}}{3}$

5.4.3.3 3º caso: soma ou subtração entre raízes quadradas

Devemos multiplicar numerador e denominador pelo conjugado do denominador. O que é conjugado?

a. O conjugado de $\sqrt{3} + \sqrt{2}$ é $\sqrt{3} - \sqrt{2}$;
b. O conjugado de $\sqrt{7} - 1$ é $\sqrt{7} + 1$.

O motivo de multiplicarmos pelo conjugado é que $(a + b).(a - b) = a^2 - b^2$ (**produto notável**):

a. $\dfrac{2}{\sqrt{3}+\sqrt{2}} = \dfrac{2}{\sqrt{3}+\sqrt{2}} \cdot \dfrac{\sqrt{3}-\sqrt{2}}{\sqrt{3}-\sqrt{2}} =$

$= \dfrac{2 \cdot (\sqrt{3}-\sqrt{2})}{\sqrt{3}^2 - \sqrt{2}^2} = 2\sqrt{3} - 2\sqrt{2}$

b. $\dfrac{\sqrt{2}}{\sqrt{7}-1} = \dfrac{\sqrt{2}}{(\sqrt{7}-1)} \cdot \dfrac{(\sqrt{7}+1)}{(\sqrt{7}+1)} = \dfrac{\sqrt{14}+\sqrt{2}}{\sqrt{7}^2 - 1^2} =$

$= \dfrac{\sqrt{14}+\sqrt{2}}{7-1} = \dfrac{\sqrt{14}+\sqrt{2}}{6}$

Exercícios

1) O valor de $\sqrt{0,01}$ é:
   a) 0,1
   b) 0,01
   c) 0,001
   d) 0,0001
   e) 0,00001

2) O produto de $\dfrac{\sqrt{2}}{\sqrt{3}} \cdot \dfrac{\sqrt{8}}{\sqrt{3}}$ é:
   a) 1,3
   b) $\dfrac{16}{3}$
   c) $\dfrac{4}{3}$
   d) 1,33
   e) $\dfrac{13}{3}$

3) Outra maneira de escrever $\sqrt{3}$ é:
   a) $\dfrac{3}{2}$
   b) 3^{-2}
   c) 2^{-3}
   d) $\dfrac{2}{3}$
   e) $3^{0,5}$

4) O resultado da expressão $3\sqrt{2} - 5\sqrt{2} + 8\sqrt{2}$ é:
   a) $6\sqrt{2}$
   b) $5\sqrt{2}$
   c) $4\sqrt{2}$
   d) $3\sqrt{2}$
   e) $2\sqrt{2}$

5) A expressão $\sqrt{3} + \sqrt{2}$ pode ser escrita como:
   a) $\sqrt{5}$
   b) $\sqrt{6}$
   c) $\sqrt{8}$
   d) $\sqrt{3}$
   e) Não pode ser agrupada.

6) Racionalizando o denominador de $\dfrac{\sqrt{2}}{\sqrt{8}}$, obtemos:
   a) $\dfrac{1}{2}$
   b) 0,5
   c) $\dfrac{4}{8}$
   d) $\dfrac{2}{4}$
   e) Todas as alternativas anteriores estão corretas.

7) O resultado de $\left(4 \cdot \sqrt[3]{2}\right)^3$ é:
   a) 256
   b) 128
   c) 64
   d) 32
   e) 16

8) $\sqrt[4]{64^{-2}}$ é o mesmo que:
   a) $\dfrac{1}{8}$
   b) $\dfrac{1}{4}$
   c) $\dfrac{1}{2}$
   d) 1
   e) 2

9) Ao resolver uma equação do segundo grau, um aluno se deparou com $\sqrt{216}$. Após simplificação, o valor obtido foi:
   a) $2\sqrt{3}$
   b) $3\sqrt{2}$
   c) $2\sqrt{6}$
   d) $3\sqrt{6}$
   e) $6\sqrt{6}$

10) Simplificando a expressão $\dfrac{\sqrt{8}}{\sqrt{27}} \cdot \dfrac{2\sqrt{6}}{\sqrt{2}} \cdot \dfrac{3\sqrt{3}}{\sqrt{6}}$, obtemos:
    a) 4
    b) 2
    c) 1
    d) $\dfrac{1}{2}$
    e) $\dfrac{1}{4}$

5.5 Produtos notáveis

Algumas operações entre expressões algébricas são muito comuns e aparecem com frequência em vários conteúdos dentro da matemática, razão por que merecem um pouco mais de atenção.

O que são **produtos notáveis**? São produtos entre expressões algébricas que têm uma forma geral de resolução. É importante que você aprenda a calculá-los mentalmente. Trabalharemos com os mais comuns.

5.5.1 Quadrado da soma

É todo produto do tipo $(a + b)^2$. Uma das maneiras de entender o resultado dessa potência é recorrer à geometria: imagine um quadrado de lados (a + b). A sua área será dada por $(a + b)^2$.

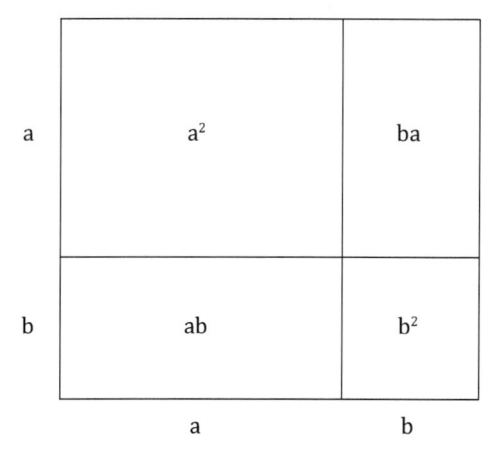

a	a^2	ba
b	ab	b^2
	a	b

É fácil de perceber que $(a + b)^2 = a^2 + 2ab + b^2$.

Em outras palavras, o quadrado da soma de dois termos é igual ao quadrado do primeiro termo mais duas vezes o produto do primeiro pelo segundo termos mais o quadrado do segundo termo.

Outra maneira de chegar à mesma conclusão é utilizar a propriedade distributiva. Ou seja, $(a+b)^2 = (a+b) \cdot (a+b) = a^2 + ab + ba + b^2 = a^2 + 2ab + b^2$. Embora esteja correto, é muito importante que você tente fazer o cálculo mentalmente.

Assim:

a. $(x + 2)^2 = x^2 + 4x + 4$
b. $(2x + 5)^2 = 4x^2 + 20x + 25$

5.5.2 Quadrado da diferença

É todo produto do tipo $(a - b)^2$. A única diferença com o produto notável anterior é o sinal do termo do meio. Assim, $(a - b)^2 = a^2 - 2ab + b^2$, ou seja: o quadrado da diferença de dois termos é igual ao quadrado do primeiro termo menos o duplo produto do primeiro pelo segundo termos mais o quadrado do segundo termo.

Caso você não consiga entender ou decorar esse cálculo, proceda com a propriedade distributiva:

a. $(2x - y)^2 = 4x^2 - 4xy + y^2$
b. $(5 - 3b)^2 = 25 - 30b + 9b^2$

5.5.3 Produto da soma pela diferença de dois termos

É todo produto do tipo $(a + b) \cdot (a - b)$. Além do cálculo mental, esse produto é bastante útil na racionalização de denominadores. Aplicando a propriedade distributiva para entender o procedimento, temos: $(a + b) \cdot (a - b) = a^2 - ab + ba - b^2$. Mas como ab = ba, então:

$(a + b) \cdot (a - b) = a^2 - b^2$

Ou seja, o produto da soma pela diferença de dois termos é igual ao quadrado do primeiro termo menos o quadrado do segundo termo.

Assim:

a. $(2x + y) \cdot (2x - y) = 4x^2 - y^2$
b. $(5 - 3p) \cdot (5 + 3p) = 25 - 9p^2$

Exercícios

1) O resultado do produto $(3m + n)^2$ é igual a:
   a) $9mn$
   b) $9m^2n^2$
   c) $9m^2 + n^2$
   d) $9m^2 - n^2$
   e) $9m^2 + 6mn + n^2$

2) Uma maneira de calcular $(0,9)^2$ é escrever da forma $(1 - 0,1)^2$. Dessa maneira, utilizando o quadrado da diferença, verificamos que o resultado será:
   a) 81
   b) 8,1
   c) 0,81
   d) 0,081
   e) 0,0081

   DICA: Calcule depois $0,9 \cdot 0,9$ e confirme o resultado.

3) O resultado da expressão $(4 + 2x) \cdot (4 - 2x)$ é:
   a) $8 + 4x$
   b) $16 - 4x^2$
   c) $16 + 4x^2$
   d) $4 + 2x^2$
   e) $4 - 2x^2$

4) Para calcular mentalmente 102 vezes 98, podemos escrever esse produto como $(100 + 2) \cdot (100 - 2)$. Dessa maneira, encontraremos:
   a) 9 996
   b) 996
   c) 96
   d) 9,6
   e) 0,96

5) A expressão $(x + y)^2 + (x - y)^2 + (x + y) \cdot (x - y)$ é igual a:
   a) $2x^2 + 3y^2$
   b) $3x^2 + 2y^2$
   c) $2x^2 - 3y^2$
   d) $3x^2 + y^2$
   e) $3x^2 + 3y^2$

6) Qual das alternativas a seguir é verdadeira?
   a) $(x + y)^2 = x^2 + y^2$
   b) $(x - y)^2 = x^2 + y^2$
   c) $(x - y)^2 = x^2 - y^2$
   d) $(x + y) \cdot (x - y) = x^2 + y^2$
   e) $(x + y) \cdot (x - y) = x^2 - y^2$

7) É possível calcular facilmente $101^2 - 99^2$ apenas utilizando produtos notáveis. Nesse caso, o resultado do cálculo é:
   a) 400
   b) 1 000
   c) 1 199

d) 9 911
e) 99 911

8) A equação $(x + 2)^2 = 25$ tem como raízes:
   a) –3 e 7
   b) –7 e 3
   c) –3 e –7
   d) 3 e 7
   e) 3 e 5

9) Os produtos notáveis podem ser usados para a racionalização de denominadores. A fração $\dfrac{3}{\sqrt{2}+1}$ pode ter seu denominador racionalizado e ser escrita como:
   a) $3\sqrt{2} + 1$
   b) $\sqrt{2} + 3$
   c) $3(\sqrt{2} + 1)$
   d) $\sqrt{2} + 1$
   e) $3\sqrt{2} - 3$

10) A expressão $(x + 3)^2 - (x + 1)^2$ é igual a:
    a) $4x + 8$
    b) $x^2 - 2x + 4$
    c) $x^2 + 2x + 4$
    d) $4x + 4$
    e) $2x + 8$

Neste capítulo, em vez de repetir todo o formulário das aulas anteriores e alguns exercícios, decidimos oferecer uma lista de perguntas que servem para fazer um balanço de seu aprendizado.

Responda às perguntas sem consultar o material. Quanto mais você souber, mais preparado estará. Caso não lembre de uma ou mais respostas, releia o conteúdo mais tarde até compreendê-lo bem.

Capítulo 1 – Conjuntos, números e expressões

1.1 Conjuntos

1) Como representar?
2) Como operar?
3) O que significa união, interseção e diferença de conjuntos?
4) Qual a ordem para distribuir os valores nos problemas sobre conjuntos?
5) O que é conjunto das partes de um conjunto?

1.2 Conjuntos numéricos

1) O que são números naturais, inteiros, racionais e irracionais?
2) O que são intervalos?
3) Como operar com intervalos?

1.3 Operações e expressões

1) Em uma expressão, quais operações fazemos primeiro?
2) E se houver operações iguais, por onde começamos?
3) Qual a ordem entre parênteses, colchetes e chaves?

Capítulo 2 – Funções

2.1 Teoria de funções

1) O que são funções?
2) Quando uma relação entre dois conjuntos é função?
3) Como reconhecer o gráfico de uma função?

4) O que são domínio, imagem e contradomínio de uma função?

5) Como calcular o domínio de uma função?

2.2 Tipos de função

1) O que é simetria?

2) Quando uma função é crescente e quando é decrescente?

3) O que são funções pares e ímpares?

4) Como reconhecer no gráfico funções pares e ímpares?

5) Como reconhecer algebricamente se uma função é par ou ímpar?

2.3 Classificação das funções

1) O que é função inversa?

2) O que é função composta?

3) Como calcular a inversa?

4) Como calcular a composta?

Capítulo 3 – Equações e funções: 1º e 2º grau

3.1 Equações de primeiro grau

1) Como encontrar o valor de uma incógnita?

2) Quais os métodos que você conhece para resolver um sistema?

3) Qual é o método da adição e quando se aplica?

4) Como se resolve um sistema pelo método da substituição?

3.2 Funções de primeiro grau

1) O que são os coeficientes?

2) Para que servem os coeficientes?

3) Qual o gráfico da função de primeiro grau?

4) Como encontrar a raiz?

3.3 Equações do segundo grau

1) Como resolver equações incompletas?
2) Como usar a fórmula de Bhaskara?
3) Para que serve o cálculo do Delta?
4) Como resolver equações mentalmente?

3.4 Funções do segundo grau

1) Para que servem os coeficientes?
2) Como esboçar a parábola?
3) Como encontrar as raízes?
4) O que é máximo e mínimo?
5) Como calcular o vértice?

Capítulo 4 – Progressões

4.1 Progressões aritméticas

1) O que é PA?
2) Como deduzir a fórmula geral da PA?
3) O que é possível calcular com a fórmula geral da PA?
4) O que é a fórmula da soma e como usá-la?

4.2 Progressões geométricas

1) O que é PG?
2) Como deduzir a fórmula geral da PG?
3) Como calcular a soma finita da PG?
4) O que é soma infinita e como calcular?

Capítulo 5 – Potenciação, radiciação, equações e funções exponenciais

5.1 Potenciação

1) Quais são as propriedades?
2) Como escrever raiz como potência?
3) Como juntar potências de mesma base?

5.2 Equações exponenciais

1) O que são e quantos tipos existem?
2) Como resolver cada tipo?

5.3 Funções exponenciais

1) Quando a função é crescente e quando é decrescente?
2) Como resolver inequações exponenciais?
3) Como é o gráfico das funções exponenciais?

5.4 Propriedades da radiciação

1) Como retirar um fator do radical?
2) Como racionalizar um denominador?
3) Quais casos de racionalização existem?

5.5 Produtos notáveis

1) O que é o quadrado da soma?
2) O que é o quadrado da diferença?
3) O que é o produto da soma pela diferença?

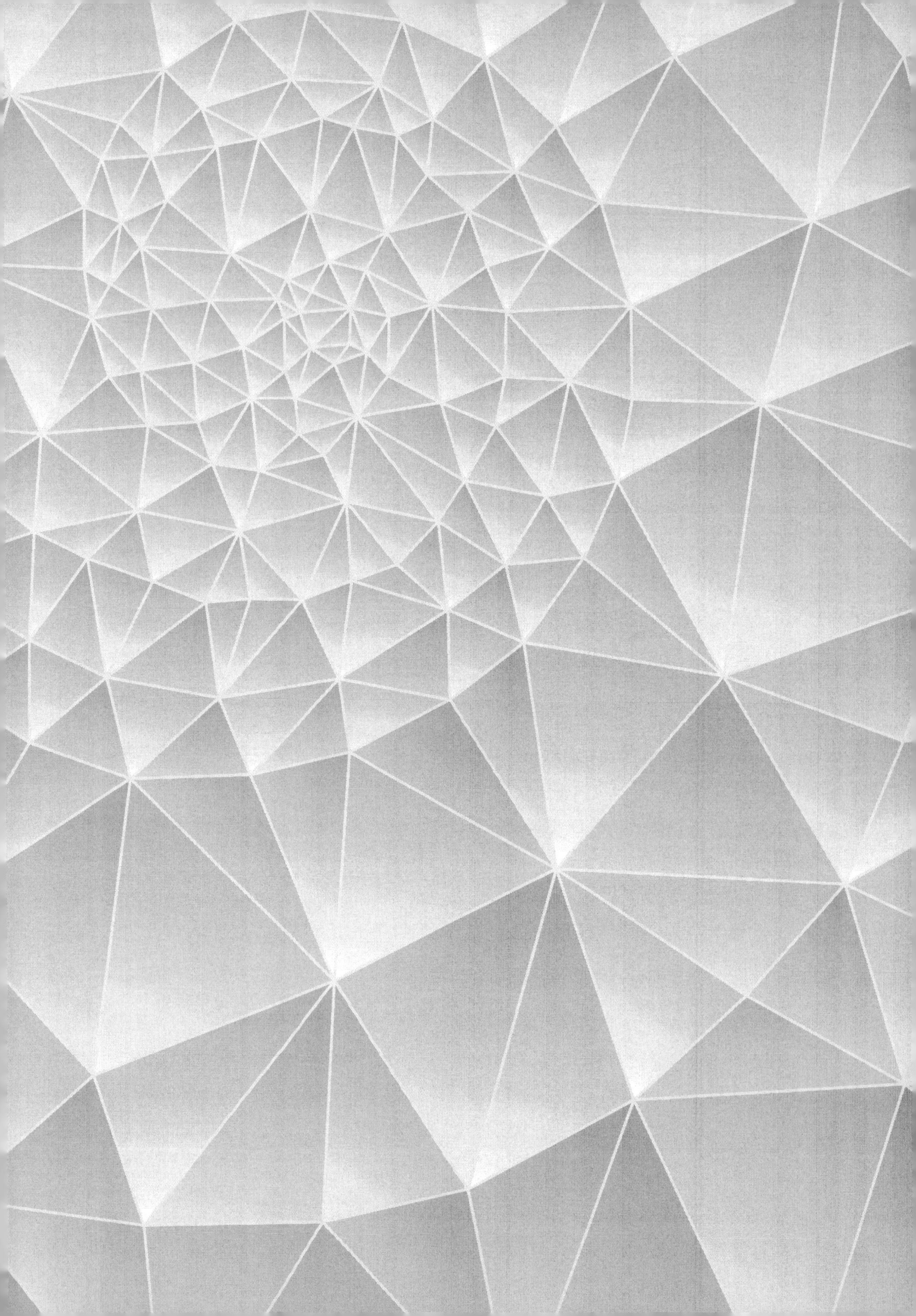

Parte II

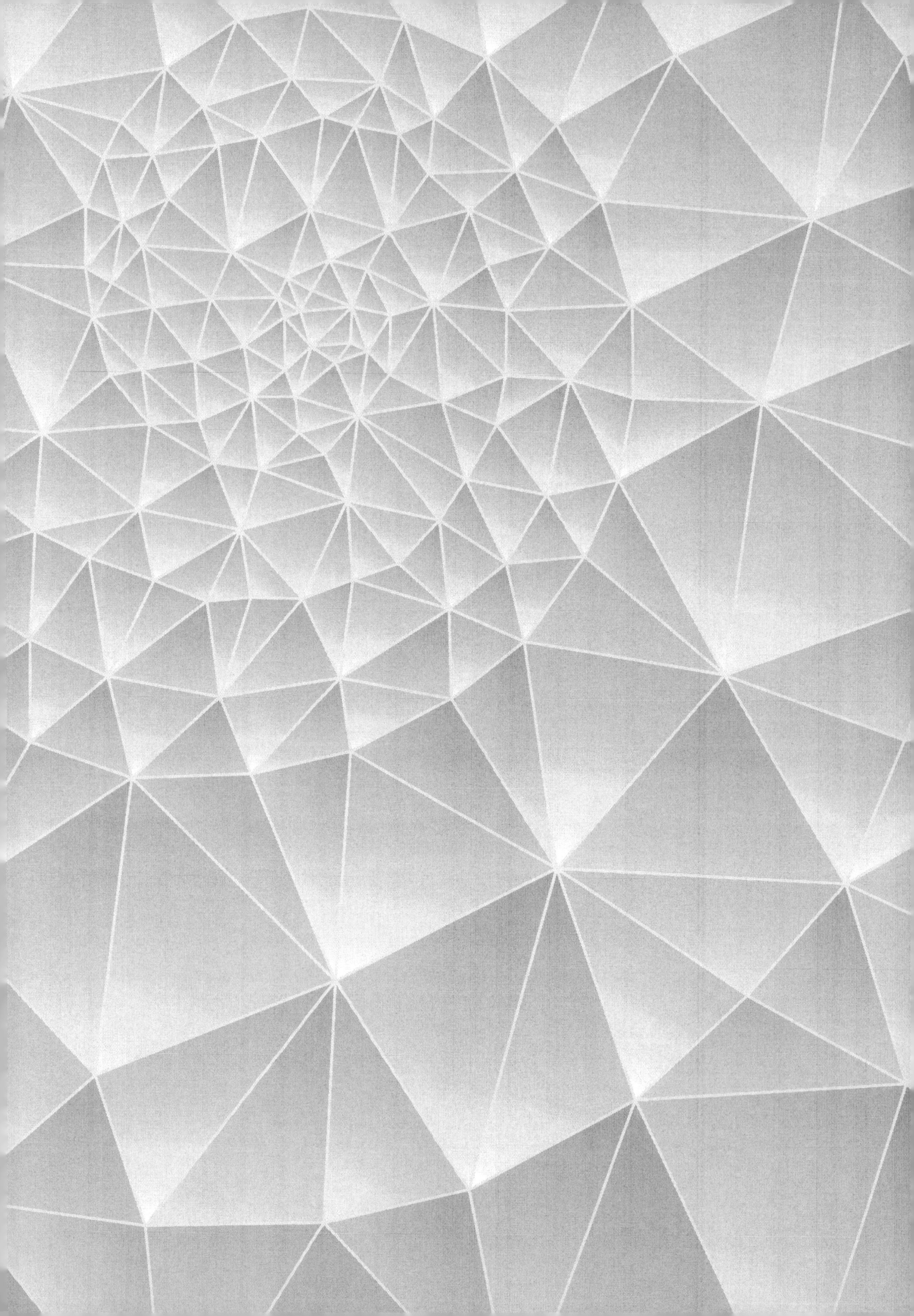

7.1 Matrizes

Quem nunca teve um boletim escolar, não olhou um calendário ou jogou batalha naval? Esses são exemplos de **matrizes**. *Matrizes* são conjuntos cujos elementos estão dispostos em *m* linhas (horizontais) e *n* colunas (verticais).

Um bom exemplo de uma matriz é o jogo **batalha naval**.

	A	B	C	D	E	F	G	H	I
1			■						
2									
3								■	
4							■	■	■
5									
6		■	■	■					
7	■	■	■	■					

Nesse exemplo, o retângulo solitário se encontra na linha 1 e na coluna C. O aplicativo Excel® da Microsoft®, também é um bom exemplo de uma matriz.

7.1.1 Formas de representação de matrizes

Elementos entre parênteses:

$$\begin{pmatrix} 2 & -1 & -1 \\ 0 & 2 & 1 \\ 0 & 0 & 2 \end{pmatrix}$$

Elementos entre colchetes:

$$\begin{bmatrix} 1 & 5 & -2 \\ -2 & 0 & 3 \end{bmatrix}$$

7.1.2 Ordem de uma matriz

Refere-se ao número de linhas e colunas da matriz. Assim, uma matriz $A_{m \times n}$ tem *m* linhas e *n* colunas e ordem m×n.

7.1.3 Elementos de uma matriz

Cada elemento de uma matriz $A_{m \times n}$ é chamado de a_{ij}. Por exemplo, na matriz a seguir, a posição de cada elemento é:

$$P_{2 \times 3} = \begin{pmatrix} P_{11} & P_{12} & P_{13} \\ P_{21} & P_{22} & P_{23} \end{pmatrix}$$

É possível encontrar qualquer matriz por meio de sua lei de formação. Por exemplo:

a. Encontre a matriz $K_{3 \times 1}$ de maneira que $k_{ij} = 2i + j$.

$$K_{3 \times 1} = \begin{bmatrix} k_{11} \\ k_{21} \\ k_{31} \end{bmatrix}$$

Por meio da lei de formação dada, temos:

$K_{11} = 2 \cdot 1 + 1 = 3$
$K_{21} = 2 \cdot 2 + 1 = 5$
$K_{31} = 2 \cdot 3 + 1 = 7$
Logo:

$$K_{3 \times 1} = \begin{bmatrix} 3 \\ 5 \\ 7 \end{bmatrix}$$

7.1.4 Tipos de matrizes

De acordo com o número de linhas e colunas ou por meio de características específicas, podemos classificar as matrizes em cinco tipos, como veremos agora.

7.1.4.1 Matrizes retangulares
São aquelas em que o número de linhas e o de colunas é diferente, isto é, m ≠ n. Exemplo:

$$C_{1 \times 4} = \begin{pmatrix} -1 & 3 & 5 & 2 \end{pmatrix}$$

$$D_{3 \times 2} = \begin{bmatrix} 0 & -1 \\ -5 & 2 \\ \frac{1}{2} & 0,5 \end{bmatrix}$$

7.1.4.2 Matrizes quadradas
São aquelas em que m = n, ou seja, o número de linhas e o de colunas é igual. Assim, A_2 é de ordem 2×2, B_3 é de ordem 3×3. Por exemplo:

$$A_2 = \begin{bmatrix} 1 & 2 \\ 0 & -1 \end{bmatrix} \qquad B_3 = \begin{pmatrix} -1 & 2 & 0 \\ 1 & -1 & 2 \\ 3 & 4 & -2 \end{pmatrix}$$

Apenas nas matrizes quadradas há duas diagonais: principal e secundária. Os elementos da diagonal principal são aqueles em que i = j, ou seja, o número da linha e da coluna do elemento são iguais. A diagonal secundária é formada pelos elementos em que i + j = n + 1.

Na matriz A do exemplo anterior, os elementos da diagonal principal são 1 e –1, e os da secundária são 2 e 0.

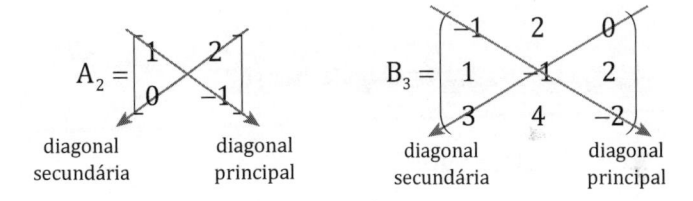

$$A_2 = \begin{bmatrix} 1 & 2 \\ 0 & -1 \end{bmatrix} \qquad B_3 = \begin{pmatrix} -1 & 2 & 0 \\ 1 & -1 & 2 \\ 3 & 4 & -2 \end{pmatrix}$$

diagonal secundária   diagonal principal   diagonal secundária   diagonal principal

7.1.4.3 Matrizes triangulares
Matrizes quadradas em que os elementos que estão acima ou abaixo da diagonal principal são apenas zeros.

Exemplos

$$E_2 = \begin{pmatrix} 2 & 0 \\ -3 & 1 \end{pmatrix} \qquad F_3 = \begin{bmatrix} 1 & 5 & -3 \\ 0 & -1 & 4 \\ 0 & 0 & -3 \end{bmatrix}$$

7.1.4.4 Matrizes diagonais

São matrizes quadradas em que todos os elementos que não estão na diagonal principal são nulos.

Exemplos

$$G_2 = \begin{bmatrix} -2 & 0 \\ 0 & 1 \end{bmatrix}$$

$$H_3 = \begin{pmatrix} -2 & 0 & 0 \\ 0 & 4 & 0 \\ 0 & 0 & -3 \end{pmatrix}$$

7.1.4.5 Matriz identidade

São matrizes diagonais em que os elementos da diagonal principal são sempre iguais a 1. O símbolo da matriz identidade será sempre I_n, em que n é a ordem da matriz.

Exemplos

$$I_2 = \begin{pmatrix} 1 & 0 \\ 0 & 1 \end{pmatrix}$$

$$I_3 = \begin{bmatrix} 1 & 0 & 0 \\ 0 & 1 & 0 \\ 0 & 0 & 1 \end{bmatrix}$$

7.1.5 Operações com matrizes

7.1.5.1 Igualdade de matrizes

Duas matrizes $A_{m \times n}$ e $B_{m \times n}$ são iguais quando todo elemento $a_{ij} = b_{ij}$. De modo mais simplificado, dizemos que duas matrizes serão iguais quando tiverem a mesma ordem e quando os elementos que estão nas mesmas posições forem iguais.

As matrizes a seguir não são iguais, pois embora tenham os mesmos elementos, suas ordens e posições são diferentes:

$$J_{1 \times 4} = \begin{pmatrix} 1 & 2 & 3 & 4 \end{pmatrix} \text{ e } K_{4 \times 1} = \begin{pmatrix} 1 \\ 2 \\ 3 \\ 4 \end{pmatrix}$$

7.1.5.2 Adição e subtração de matrizes

Se $A_{m \times n}$ e $B_{m \times n}$, então existe $C_{m \times n} = A_{m \times n} + B_{m \times n}$, em que $c_{ij} = a_{ij} + b_{ij}$.

De outra maneira: se A e B apresentarem a mesma ordem, a soma ou a subtração serão feitas com os elementos que estiverem nas mesmas posições. Assim:

$$\begin{pmatrix} 2 \\ 3 \\ 0 \end{pmatrix} + \begin{pmatrix} -1 \\ 1 \\ 5 \end{pmatrix} - \begin{pmatrix} 3 \\ -2 \\ 2 \end{pmatrix} = \begin{pmatrix} 4 \\ 6 \\ 3 \end{pmatrix}$$

$$\begin{bmatrix} 1 & 2 \\ 3 & 4 \end{bmatrix} - \begin{bmatrix} 4 & 3 \\ 2 & 1 \end{bmatrix} = \begin{bmatrix} -3 & -1 \\ 1 & 3 \end{bmatrix}$$

7.1.5.3 Produto de matrizes por escalar

Seja k um escalar (um número real), então $k \cdot A_{m \times n} = k \cdot a_{ij}$, para todo i e j. Dito de outro modo: quando um número real estiver multiplicando uma matriz, ele multiplicará cada elemento dela. Então:

$$3 \cdot \begin{pmatrix} -1 & 2 & 5 \end{pmatrix} = \begin{pmatrix} -3 & 6 & 15 \end{pmatrix}$$

$$-2 \cdot \begin{bmatrix} -1 & 0 \\ 0,2 & \frac{1}{2} \end{bmatrix} = \begin{bmatrix} 2 & 0 \\ -0,4 & -1 \end{bmatrix}$$

7.1.5.4 Multiplicação de matrizes

É a operação mais difícil de fazer com matrizes. Para facilitar o entendimento, vamos dividir o raciocínio em duas partes: a primeira mostrará quando a multiplicação é possível, e a segunda, como fazer.

Quando é possível multiplicar matrizes?

Quando o número de colunas da primeira matriz for igual ao número de linhas da segunda. O número de linhas da primeira matriz junto com o de colunas da segunda mostram a ordem da matriz produto.

Por exemplo:

- $A_{3 \times 2} \cdot B_{2 \times 5}$ é possível e o produto será uma matriz de ordem 3×5;
- $A_{2 \times 3} \cdot B_{2 \times 3}$ não é possível;
- $A_{1 \times 5} \cdot B_{5 \times 7}$ é possível e a matriz produto é uma matriz de ordem 1×7;
- $A_{3 \times 3} \cdot B_{3 \times 3}$ é possível e a matriz produto também será uma matriz de ordem 3×3.

Como multiplicar matrizes?

Sabendo que é possível multiplicar as matrizes, a operação acontecerá de modo que uma linha da primeira matriz multiplicada por uma coluna da segunda matriz gere um único elemento da matriz produto. Serão multiplicados os elementos de acordo com a ordem em que aparecem: o primeiro da linha com o primeiro da coluna, o segundo da linha com o segundo da coluna e assim por diante até o último da linha pelo último da coluna. Somando todos os resultados, teremos o único elemento gerado.

Por exemplo, o produto de uma matriz 2×3 por uma 3×2 é possível e gera uma matriz 2×2. A multiplicação:

$$\begin{bmatrix} 2 & 3 & -1 \\ -1 & 0 & 2 \end{bmatrix} \cdot \begin{bmatrix} 2 & 5 \\ 2 & -1 \\ -3 & 0 \end{bmatrix} =$$

$$= \begin{bmatrix} 2 \cdot 2 + 3 \cdot 2 + (-1) \cdot (-3) & 2 \cdot 5 + 3 \cdot (-1) + (-1) \cdot 0 \\ -1 \cdot 2 + 0 \cdot 2 + 2 \cdot (-3) & -1 \cdot 5 + 0 \cdot (-1) + 2 \cdot 0 \end{bmatrix}$$

Que resultará em:

$$\begin{bmatrix} 13 & 7 \\ -8 & -5 \end{bmatrix}$$

Exercícios

1) Os valores de x e y para que
$\begin{pmatrix} 1 & x+y \\ 1 & 7 \end{pmatrix} = \begin{pmatrix} 1 & 5 \\ x-y & 7 \end{pmatrix}$ são, nessa ordem:
   a) 3 e 2
   b) 2 e 2
   c) 2 e 3
   d) 1 e 4
   e) 4 e 1

2) Qual das alternativas a seguir representa a matriz $A_{3 \times 2}$, tal que $a_{ij} = 2i - j2$?
   a) $\begin{pmatrix} -1 & -2 & 0 \\ 3 & 5 & 1 \end{pmatrix}$
   b) $\begin{pmatrix} 1 & 2 \\ 3 & 0 \\ 5 & -2 \end{pmatrix}$
   c) $\begin{pmatrix} 1 & 2 & 0 \\ 3 & 5 & 1 \end{pmatrix}$
   d) $\begin{pmatrix} 1 & -2 \\ 3 & 0 \\ 5 & 2 \end{pmatrix}$
   e) $\begin{pmatrix} -1 & 2 & 0 \\ 3 & 5 & 1 \end{pmatrix}$

3) Qual a soma de todos os elementos da matriz quadrada A de ordem 3, tal que
$a_{ij} = \begin{cases} 1, \text{ se } i > j \\ 0, \text{ se } i = j \\ -1, \text{ se } i < j \end{cases}$?

   a) –2
   b) –1
   c) 0
   d) 1
   e) 2

4) Qual é a matriz X que resolve a equação $3A + X - 2B = C$, em que $A = (-1 \ \ 0 \ \ -3)$, $B = (2 \ \ 5 \ \ 1)$ e $C = (-1 \ \ -1 \ \ 7)$?
   a) $X = (6 \ \ 9 \ \ 9)$
   b) $X = (6 \ \ 9 \ \ 18)$
   c) $X = (6 \ \ 18 \ \ 18)$
   d) $X = (9 \ \ 9 \ \ 18)$
   e) $X = (6 \ \ 6 \ \ 18)$

5) O produto das matrizes $A_{3 \times 2} \cdot B_{2 \times 5} \cdot C_{5 \times 1}$:
   a) não é possível.
   b) é uma matriz 3×5.
   c) é uma matriz 3×1.
   d) é uma matriz 5×3.
   e) é uma matriz 1×3.

6) Seja $A = \begin{bmatrix} 1 & 2 \\ 0 & -1 \end{bmatrix}$ e $B = \begin{bmatrix} -1 & 2 \\ -2 & 2 \end{bmatrix}$. Dessa maneira, o produto $A \cdot B$ pode ser representado pela matriz:
   a) $\begin{pmatrix} -5 & 6 \\ -2 & -2 \end{pmatrix}$
   b) $\begin{pmatrix} -5 & 6 \\ 2 & -2 \end{pmatrix}$
   c) $\begin{pmatrix} -5 & 6 \\ 2 & 2 \end{pmatrix}$

d) $\begin{pmatrix} 5 & 6 \\ 2 & 2 \end{pmatrix}$

e) $\begin{pmatrix} -5 & -6 \\ -2 & -2 \end{pmatrix}$

7) Utilizando as matrizes do exercício anterior, o produto B · A é:
   a) Igual ao de A . B.
   b) $\begin{pmatrix} 2 & -2 \\ -5 & 6 \end{pmatrix}$
   c) $\begin{pmatrix} 1 & 4 \\ 2 & 6 \end{pmatrix}$
   d) $\begin{pmatrix} 1 & -4 \\ -2 & 6 \end{pmatrix}$
   e) $\begin{pmatrix} -1 & -4 \\ -2 & -6 \end{pmatrix}$

8) Sabendo que ao multiplicar $A_{m \times 3}$ por $B_{n \times 1}$ temos como produto uma matriz 6×1, então os valores de **m** e **n** são, respectivamente:
   a) 6 e 1
   b) 3 e 1
   c) 1 e 1
   d) 6 e 6
   e) 6 e 3

9) Tomando a matriz $A = \begin{pmatrix} 1 & 0 \\ 1 & 1 \end{pmatrix}$, então a matriz $A_2 = A \cdot A$ será:

   a) $\begin{pmatrix} 2 & 0 \\ 2 & 2 \end{pmatrix}$

   b) $\begin{pmatrix} 1 & 1 \\ 2 & 1 \end{pmatrix}$

   c) $\begin{pmatrix} 1 & 0 \\ 2 & 1 \end{pmatrix}$

   d) $\begin{pmatrix} 2 & 1 \\ 2 & 2 \end{pmatrix}$

   e) $\begin{pmatrix} 1 & 2 \\ 2 & 1 \end{pmatrix}$

10) Ainda com os dados do exercício anterior, o resultado da matriz A_{100} será:

    a) $\begin{pmatrix} 100 & 0 \\ 100 & 100 \end{pmatrix}$

    b) $\begin{pmatrix} 100 & 1 \\ 100 & 100 \end{pmatrix}$

    c) $\begin{pmatrix} 1 & 1 \\ 100 & 1 \end{pmatrix}$

    d) $\begin{pmatrix} 1 & 0 \\ 100 & 1 \end{pmatrix}$

    e) $\begin{pmatrix} 1 & 0 \\ 101 & 1 \end{pmatrix}$

7.2 Matriz inversa

Se A é uma matriz quadrada, ou seja, aquela que tem o mesmo número de linhas e colunas, caso exista a sua inversa, será denotada por A^{-1} e poderá ser obtida da seguinte forma:

$$A \cdot A^{-1} = A^{-1} \cdot A = I_n$$

em que I_n é a matriz identidade de ordem **n**.

7.2.1 Como obter a inversa

Dada a matriz $A = \begin{pmatrix} 2 & 5 \\ 1 & 3 \end{pmatrix}$, sua inversa, caso exista, será $A^{-1} = \begin{pmatrix} a & c \\ b & d \end{pmatrix}$.

Logo,

$$\begin{pmatrix} 2 & 5 \\ 1 & 3 \end{pmatrix} \cdot \begin{pmatrix} a & c \\ b & d \end{pmatrix} = \begin{pmatrix} a & c \\ b & d \end{pmatrix} \cdot \begin{pmatrix} 2 & 5 \\ 1 & 3 \end{pmatrix} = \begin{pmatrix} 1 & 0 \\ 0 & 1 \end{pmatrix}$$

Resolvendo o primeiro produto, temos:

$$\begin{pmatrix} 2a+5b & 2c+5d \\ 1a+3b & 1c+3d \end{pmatrix} = \begin{pmatrix} 1 & 0 \\ 0 & 1 \end{pmatrix}$$

Dessa igualdade, encontramos dois sistemas de equações do primeiro grau.

O primeiro seria:

$$\begin{cases} 2a+5b=1 \\ 1a+3b=0 \end{cases}$$

Multiplicando a segunda equação por (−2), temos:

$$\begin{cases} 2a+5b=1 \\ -2a-6b=0 \end{cases}$$

Somando membro a membro, chegamos em $-b = 1$, ou seja, $b = -1$. Substituindo na primeira equação, $2a + 5 \cdot (-1) = 1$, em que $2a = 6$ e assim $a = 3$. O segundo sistema será:

$$\begin{cases} 2c+5d=1 \\ 1c+3d=1 \end{cases}$$

Como os coeficientes das letras são iguais, a maneira de resolver o sistema é a mesma do anterior. Procedendo assim, chegaremos em $d = 2$ e $c = -5$.

Portanto,

$$A^{-1} = \begin{pmatrix} a & c \\ b & d \end{pmatrix} = \begin{pmatrix} 3 & -5 \\ -1 & 2 \end{pmatrix}$$

7.2.2 Nem sempre existirá a inversa

A matriz $B = \begin{pmatrix} 2 & 6 \\ 1 & 3 \end{pmatrix}$ não tem inversa, pois:

$$\begin{pmatrix} 2 & 6 \\ 1 & 3 \end{pmatrix} \cdot \begin{pmatrix} a & c \\ b & d \end{pmatrix} = \begin{pmatrix} 1 & 0 \\ 0 & 1 \end{pmatrix}$$

Apresentará o seguinte sistema:

$$\begin{cases} 2a+6b=1 \\ 1a+3b=0 \end{cases}$$

Multiplicando a segunda linha por (−2), obteremos:

$$\begin{cases} 2a+6b=1 \\ -2a-6b=0 \end{cases}$$

Somando-as, temos $0 = 1$, o que não é verdade, logo, o sistema não tem solução e, portanto, a matriz não tem inversa.

Exercícios

1) Uma das maneiras de saber antecipadamente se uma matriz admite ou não inversa é verificar se ela tem duas linhas ou duas colunas iguais. Se isso acontecer, a matriz não terá inversa. Com base nessa propriedade, qual das matrizes a seguir poderá admitir inversa?

a) $\begin{pmatrix} 1 & 1 \\ 2 & 3 \end{pmatrix}$

b) $\begin{pmatrix} 1 & -1 \\ 1 & -1 \end{pmatrix}$

c) $\begin{pmatrix} 1 & 1 & 1 \\ 2 & 2 & 2 \\ 3 & 1 & 3 \end{pmatrix}$

d) $\begin{pmatrix} 1 & 1 \\ 2 & 3 \end{pmatrix}$

e) $\begin{pmatrix} 1 & -1 & 3 \\ 2 & 2 & 2 \\ 1 & -1 & 3 \end{pmatrix}$

Observação

O fato de que pode haver inversa não significa que ela exista, apenas ajuda a descartar as que não terão.

2) Outra propriedade que pode simplificar a procura pela matriz inversa é: uma matriz que apresentar uma linha ou uma coluna formada apenas por zeros não tem inversa. Então, das matrizes a seguir, a única que pode apresentar inversa por esse motivo é:

a) $\begin{pmatrix} 1 & 1 & 1 \\ 0 & 0 & 0 \\ 3 & 1 & 3 \end{pmatrix}$

b) $\begin{pmatrix} 1 & 1 & 0 \\ 2 & 2 & 0 \\ 3 & 1 & 0 \end{pmatrix}$

c) $\begin{pmatrix} 1 & 1 & 1 \\ 1 & 2 & 3 \\ 1 & 4 & 9 \end{pmatrix}$

d) $\begin{pmatrix} 1 & 1 & 1 \\ 2 & 2 & 2 \\ 0 & 0 & 0 \end{pmatrix}$

e) $\begin{pmatrix} 0 & 1 & 1 \\ 0 & 0 & 0 \\ 3 & 1 & 0 \end{pmatrix}$

3) Também não terá inversa uma matriz que tenha duas linhas ou colunas proporcionais. Baseando-se apenas nessa informação, pode-se afirmar que poderá apresentar inversa apenas a matriz:

a) $\begin{pmatrix} 1 & 1 & 1 \\ 2 & 2 & 2 \\ 1 & 2 & 3 \end{pmatrix}$

b) $\begin{pmatrix} 1 & 1 & 3 \\ 2 & 2 & 6 \\ 3 & 1 & 9 \end{pmatrix}$

c) $\begin{pmatrix} 1 & 1 & 1 \\ 0 & -2 & -2 \\ 5 & 5 & 5 \end{pmatrix}$

d) $\begin{pmatrix} 1 & -4 & 1 \\ 2 & 8 & 1 \\ 3 & 12 & 1 \end{pmatrix}$

e) $\begin{pmatrix} 1 & 1 & 1 \\ 0 & 2 & 2 \\ 0 & 0 & 3 \end{pmatrix}$

4) Caso exista, qual a matriz inversa de $A = \begin{pmatrix} 2 & 7 \\ 1 & 4 \end{pmatrix}$?

a) Não existe a inversa.

b) $A^{-1} = \begin{pmatrix} 2 & -7 \\ -1 & 4 \end{pmatrix}$

c) $A^{-1} = \begin{pmatrix} -2 & 7 \\ 1 & -4 \end{pmatrix}$

d) $A^{-1} = \begin{pmatrix} 4 & -7 \\ -1 & 2 \end{pmatrix}$

e) $A^{-1} = \begin{pmatrix} -4 & 7 \\ 1 & -2 \end{pmatrix}$

5) A matriz inversa de $\begin{bmatrix} 4 & -7 \\ -1 & 2 \end{bmatrix}$, caso exista, é:

a) $\begin{bmatrix} 2 & 7 \\ 1 & 4 \end{bmatrix}$

b) $\begin{bmatrix} 4 & 7 \\ 1 & 2 \end{bmatrix}$

c) $\begin{bmatrix} -4 & 7 \\ 1 & -2 \end{bmatrix}$

d) $\begin{bmatrix} 4 & -7 \\ -1 & 2 \end{bmatrix}$

e) $\begin{bmatrix} \dfrac{1}{4} & -\dfrac{1}{7} \\ -1 & \dfrac{1}{2} \end{bmatrix}$

6) Ao multiplicar a matriz $A_{2 \times 2}$ pela matriz $B_{2 \times 2}$, obteve-se a matriz $\begin{bmatrix} 1 & 0 \\ 0 & 1 \end{bmatrix}$. Por que isso ocorre?

a) $A = B$
b) $A^{-1} = B$ e $B^{-1} = A$
c) $A + B = 0$
d) $A = -B$
e) $A \cdot B = 0$

7) A resolução da equação matricial seguinte recai em um sistema de equações que pode ser resolvido de baixo para cima.

$$\begin{pmatrix} 2 & -1 & -1 \\ 0 & 2 & 1 \\ 0 & 0 & 2 \end{pmatrix} \cdot \begin{pmatrix} x \\ y \\ z \end{pmatrix} = \begin{pmatrix} 0 \\ 3 \\ 2 \end{pmatrix}$$

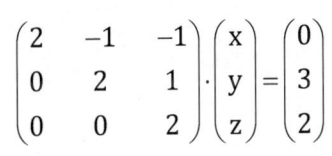

Assim, a equação tem solução se:
a) $x = 1, y = 1, z = 0$
b) $x = y = z = 1$
c) $x = z = 1$ e $y = 0$
d) $x = 1, y = -1, z = 0$
e) $x = y = 1$ e $z = -1$

8) A matriz $\begin{bmatrix} 1 & 2 & 3 \\ 0 & 1 & 2 \\ 0 & 0 & 1 \end{bmatrix}$ admite inversa.

A primeira coluna da matriz inversa é:

a) $\begin{pmatrix} 1 \\ 0 \\ 0 \end{pmatrix}$

b) $\begin{pmatrix} 1 \\ 2 \\ 3 \end{pmatrix}$

c) $\begin{pmatrix} 1 \\ 0 \\ 1 \end{pmatrix}$

d) $\begin{pmatrix} 1 \\ 1 \\ 1 \end{pmatrix}$

e) $\begin{pmatrix} 0 \\ 0 \\ 1 \end{pmatrix}$

9) Ainda em relação ao exercício anterior, a segunda coluna da matriz inversa é:

a) $\begin{pmatrix} 1 \\ -2 \\ 0 \end{pmatrix}$

b) $\begin{pmatrix} -1 \\ -2 \\ 0 \end{pmatrix}$

c) $\begin{pmatrix} -2 \\ 1 \\ 0 \end{pmatrix}$

d) $\begin{pmatrix} 0 \\ -1 \\ 2 \end{pmatrix}$

e) $\begin{pmatrix} 1 \\ 2 \\ 0 \end{pmatrix}$

10) Para encerrar, a última coluna da matriz inversa àquela apresentada no Exercício 8 será:

a) $\begin{pmatrix} 1 \\ 1 \\ 1 \end{pmatrix}$

b) $\begin{pmatrix} 1 \\ 2 \\ 1 \end{pmatrix}$

c) $\begin{pmatrix} -1 \\ 2 \\ -1 \end{pmatrix}$

d) $\begin{pmatrix} 1 \\ -2 \\ 1 \end{pmatrix}$

e) $\begin{pmatrix} 2 \\ 2 \\ 1 \end{pmatrix}$

$\begin{vmatrix} a_{11} & a_{12} \\ a_{21} & a_{22} \end{vmatrix} = a_{11} \cdot a_{22} - a_{12} \cdot a_{21}$

Exemplos:

$\begin{vmatrix} 5 & -4 \\ 1 & 2 \end{vmatrix} = 5 \cdot 2 - (-4) \cdot 1 = 10 + 4 = 14$

$\begin{vmatrix} -2 & 3 \\ 0,5 & -2 \end{vmatrix} = (-2) \cdot (-2) - 3 \cdot (0,5) = 4 - 1,5 = 25$

7.3 Determinantes

Determinante é uma função matricial que associa a toda matriz quadrada um escalar (número real), sendo simbolizado da seguinte forma: detA = ΔA = |A|.

7.3.1 Determinantes de primeira ordem (1×1)

O determinante é o próprio número:
det(–4) = 4, $\det\left(\dfrac{1}{3}\right) = \dfrac{1}{3}$, |0,5| = 0,5

7.3.2 Determinantes de segunda ordem (2×2)

O determinante é dado pela diferença entre o produto dos elementos da diagonal principal e da secundária, nesta ordem:

7.3.3 Determinantes de terceira ordem (3×3) – Regra de Sarrus

Eis o procedimento para esse determinante:
1. Repetimos ordenadamente a 1ª e a 2ª linhas (ou colunas).
2. Traçamos três diagonais no sentido da principal e três no sentido da secundária, cada uma passando por três elementos.
3. Calculamos o produto dos elementos de cada diagonal.
4. Nas diagonais que têm o mesmo sentido da secundária, trocamos de sinal o produto.
5. A soma dos seis produtos será o determinante.

Exemplos

$\begin{vmatrix} 1 & -1 & -2 \\ 2 & 4 & 1 \\ 0 & 3 & -3 \end{vmatrix} \begin{matrix} 1 & -1 \\ 2 & 4 \\ 0 & 3 \end{matrix} = \begin{vmatrix} 1 & -1 & -2 \\ 2 & 4 & 1 \\ 0 & 3 & -3 \end{vmatrix} \begin{matrix} 1 & -1 \\ 2 & 4 \\ 0 & 3 \end{matrix} =$

= 1 · 4 · (−3) + (−1) · 1 · 0 + (−2) · 2 · 3 − (−2) · 4 · 0 − 1 · 1 · 3 − (−1) · 2 · (−3) =
= −12 + 0 − 12 + 0 − 3 − 6 = −30.

Exercícios

1) O determinante da matriz $\begin{pmatrix} 3 & 2 \\ -2 & 5 \end{pmatrix}$ é:

   a) 11
   b) 15
   c) 19
   d) −19
   e) −15

2) O valor de x para o qual $\begin{vmatrix} x & 3 \\ 0 & 1 \end{vmatrix} = \begin{vmatrix} 2 & -1 \\ 4 & x \end{vmatrix}$ é:

   a) 2
   b) −2
   c) 4
   d) −4
   e) 0

3) Quanto vale $\begin{vmatrix} 1 & 2 & 3 \\ 0 & -1 & 1 \\ 0 & -2 & 3 \end{vmatrix}$?

   a) 9
   b) 8
   c) 7
   d) −8
   e) −9

4) Uma matriz é chamada de *triangular* quando for quadrada e se um dos lados da diagonal principal for composto apenas por elementos iguais a zero. O determinante dessa matriz é dado pelo produto dos elementos da diagonal principal. Assim, calcule o determinante de $\begin{vmatrix} 1 & -5 & 12 \\ 0 & 2 & 8 \\ 0 & 0 & 4 \end{vmatrix}$:

   a) −20
   b) −10
   c) 0
   d) 6
   e) 8

5) A maneira mais fácil de saber se uma matriz quadrada admite ou não inversa é calculando seu determinante. Se o determinante for diferente de zero, a matriz tem inversa. Qual das matrizes a seguir admite inversa?

   a) $\begin{vmatrix} 2 & 6 \\ 1 & 3 \end{vmatrix}$
   b) $\begin{vmatrix} 5 & 10 \\ 2 & 4 \end{vmatrix}$
   c) $\begin{vmatrix} 2 & -6 \\ -1 & 3 \end{vmatrix}$
   d) $\begin{vmatrix} 8 & -4 \\ 4 & -2 \end{vmatrix}$
   e) $\begin{vmatrix} -4 & 6 \\ -2 & -3 \end{vmatrix}$

6) Qual o valor de x para o qual a matriz $\begin{pmatrix} 1 & 2 & 3 \\ 2 & -1 & 0 \\ 1 & x & 3 \end{pmatrix}$ admite inversa?

a) $x = 2$
b) $x \neq -2$
c) $x = 1$
d) $x \neq -1$
e) $x \neq 0$

DICA: use a teoria do exercício anterior.

7) Existe uma propriedade que afirma que o determinante de uma matriz inversa é igual ao inverso do determinante da matriz que a gerou. Dessa maneira, qual o determinante da matriz inversa de $\begin{pmatrix} 3 & 5 \\ 2 & 4 \end{pmatrix}$?

a) 2
b) -2
c) $\dfrac{1}{2}$
d) $-\dfrac{1}{2}$
e) -1

8) Outra propriedade dos determinantes afirma que, dadas duas matrizes quadradas de mesma ordem, $\det(A \cdot B) = \det A \cdot \det B$. Ou seja, não é necessário multiplicar as matrizes primeiro para encontrar o determinante; é possível encontrar os determinantes primeiro e depois fazer a multiplicação. Dessa maneira, calcule $\det\left[\begin{pmatrix} 2 & 3 \\ 4 & 1 \end{pmatrix} \cdot \begin{pmatrix} -2 & 5 \\ 1 & 3 \end{pmatrix}\right]$:

a) -100
b) 101
c) 110
d) -110
e) 100

9) Para saber se três pontos pertencem a uma mesma reta, o determinante da matriz $\begin{bmatrix} x_a & y_a & 1 \\ x_b & y_b & 1 \\ x_c & y_c & 1 \end{bmatrix}$ deverá ser zero. Dessa maneira, dados os pontos $A(2,3)$, $B(1,4)$ e $C(x,5)$, para que eles estejam alinhados, o valor de x é:

a) 0
b) 1
c) 2
d) 3
e) 4

10) Uma maneira de calcular a área de um triângulo representado no plano cartesiano é calcular a metade do valor do determinante da matriz:

$\begin{bmatrix} x_a & y_a & 1 \\ x_b & y_b & 1 \\ x_c & y_c & 1 \end{bmatrix}$

Nela, x e y representam as coordenadas dos vértices A, B e C do triângulo. Dessa maneira, a área do triângulo de vértices A(2, 5), B(7, 5) e C(1, 3) é:

a) 5
b) –5
c) 10
d) –10
e) 2

Observação

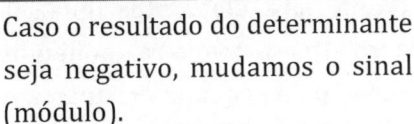

Caso o resultado do determinante seja negativo, mudamos o sinal (módulo).

7.4 Teorema de Laplace

O teorema de Laplace serve para calcular o determinante de qualquer matriz quadrada. Por ser bastante trabalhoso, dividiremos o conteúdo em etapas.

7.4.1 Menor complementar (M_{ij})

Chama-se *menor complementar* de uma matriz quadrada de ordem **n** um novo determinante de ordem n – 1, que é obtido retirando-se uma linha e uma coluna da matriz dada. O símbolo M_{ij} faz referência à linha e à coluna que serão eliminadas.

Exemplos

a. Se $A = \begin{pmatrix} 1 & 3 \\ 4 & 2 \end{pmatrix}$, então:

$M_{12} = |4| = 4$

$M_{22} = |1| = 1$

b. Dada $B = \begin{bmatrix} 1 & -1 & 0 \\ 5 & 3 & -2 \\ -3 & 1 & 1 \end{bmatrix}$, então:

$M_{33} = \begin{vmatrix} 1 & -1 \\ 5 & 3 \end{vmatrix} = 3 - (-5) = 8$

$M_{12} = \begin{vmatrix} 5 & -2 \\ -3 & 1 \end{vmatrix} = 5 - (6) = -1$

7.4.2 Adjunto algébrico ou cofator

O cofator de uma matriz é o menor complementar multiplicado por $(-1)^{i+j}$, ou seja, o complementar multiplicado por (–1) elevado a i + j, em que **i** e **j** são, nessa ordem, o número da linha e o da coluna que foram eliminadas. Simboliza-se por A_{ij}. Assim:

$A_{ij} = (-1)^{i+j} \cdot M_{ij}$

Na prática, a única coisa que muda entre o menor complementar e o adjunto é o sinal. Algumas vezes, quando i + j é par, nem isso muda. Do exemplo b, anterior, temos:

$A_{33} = (-1)^{3+3} \cdot M_{33} = 1 \cdot 8 = 8$
$A_{12} = (-1)^{1+2} \cdot M_{12} = (-1) \cdot (-1) = 1$

7.4.3 Teorema de Laplace

O determinante de uma matriz quadrada pode ser obtido tomando-se o produto dos elementos de uma linha ou coluna pelos respectivos cofatores e somando-se os resultados.

Exemplos

a. Dada $B = \begin{bmatrix} 1 & -1 & 0 \\ 5 & 3 & -2 \\ -3 & 1 & 1 \end{bmatrix}$,

escolheu-se a primeira linha. Dessa forma:

$B_{11} = (-1)^{1+1} \begin{vmatrix} -1 & 0 \\ 3 & -2 \end{vmatrix} = 1 \cdot (2) = 2$

$B_{12} = (-1)^{1+2} \begin{vmatrix} 5 & -2 \\ -3 & 1 \end{vmatrix} = (-1)(5-6) = (-1)(-1) = 1$

$B_{13} = (-1)^{1+3} \begin{vmatrix} 5 & 3 \\ -3 & 1 \end{vmatrix} = 1 \cdot (5+9) = 14$

Pelo teorema de Laplace:

Det B = $b_{11} \cdot B_{11} + b_{12} \cdot B_{12} + b_{13} \cdot B_{13}$ =
= $1 \cdot 2 + (-1) \cdot 1 + 0 \cdot 14 = 1$

É óbvio que fica muito mais fácil resolver um determinante 3×3 por Sarrus do que por Laplace. Usamos normalmente Laplace para determinantes de ordem maior do que 3.

b. Calcule o determinante de

$C = \begin{bmatrix} 1 & 0 & -2 & 2 \\ 3 & -1 & 0 & 0 \\ 1 & 2 & -1 & 3 \\ 0 & 0 & 2 & -1 \end{bmatrix}$

É sempre mais fácil escolher uma linha ou uma coluna que tenha mais elementos iguais a zero. Dessa maneira, podemos optar pela segunda ou quarta linhas ou pela segunda coluna. Escolheremos a quarta linha:

$C_{41} = (-1)^{4+1} \cdot \begin{vmatrix} 0 & -2 & 2 \\ -1 & 0 & 0 \\ 2 & -1 & 3 \end{vmatrix}$

$C_{42} = (-1)^{4+2} \cdot \begin{vmatrix} 1 & -2 & 2 \\ 3 & 0 & 0 \\ 1 & -1 & 3 \end{vmatrix}$

$C_{43} = (-1)^{4+3} \cdot \begin{vmatrix} 1 & 0 & 2 \\ 3 & -1 & 0 \\ 1 & 2 & 3 \end{vmatrix}$

$C_{44} = (-1)^{4+4} \cdot \begin{vmatrix} 1 & 0 & -2 \\ 3 & -1 & 0 \\ 1 & 2 & -1 \end{vmatrix}$

Então: det $C = c_{41} \cdot C_{41} + c_{42} \cdot C_{42} + c_{43} \cdot C_{43} + c_{44} \cdot C_{44} = 0 \cdot C_{41} + 0 \cdot C_{42} + c_{43} \cdot C_{43} + c_{44} \cdot C_{44}$

Percebe-se que não é necessário calcular os dois primeiros determinantes, pois serão multiplicados por zero.

Assim: det $C = c_{43} \cdot C_{43} + c_{44} \cdot C_{44} = 2 \cdot (-1)^{4+3} \cdot \begin{vmatrix} 1 & 0 & 2 \\ 3 & -1 & 0 \\ 1 & 2 & 3 \end{vmatrix} + (-1) \cdot (-1)^{4+4} \cdot \begin{vmatrix} 1 & 0 & -2 \\ 3 & -1 & 0 \\ 1 & 2 & -1 \end{vmatrix}$

Para concluir, por Sarrus, calculamos:

$\begin{vmatrix} 1 & 0 & 2 \\ 3 & -1 & 0 \\ 1 & 2 & 3 \end{vmatrix} = -3 + 12 + 2 = 11$

$\begin{vmatrix} 1 & 0 & -2 \\ 3 & -1 & 0 \\ 1 & 2 & -1 \end{vmatrix} = 1 - 12 - 2 = -13$

Substituindo: det $C = 2 \cdot (-1)(11) + (-1) \cdot 1 \cdot (-13) = -22 + 13 = -9$

Exercícios

1) Qual o valor do menor complementar do elemento –2 (ou seja, M_{12}) na matriz $\begin{bmatrix} 1 & -2 \\ 3 & 4 \end{bmatrix}$?

a) 1
b) –2
c) 3
d) 4
e) 10

2) O M_{13} da matriz $\begin{pmatrix} 1 & 2 & 0 \\ 0 & 2 & 1 \\ 1 & 2 & -1 \end{pmatrix}$ vale:

a) 2
b) 1
c) 0
d) –1
e) –2

3) O adjunto A_{21} da matriz $\begin{bmatrix} 2 & 1 & -2 \\ 2 & 0 & 2 \\ 1 & 2 & -1 \end{bmatrix}$ vale:

a) 2
b) –2
c) 3
d) –3
e) –1

4) Para treinar o uso do teorema de Laplace, qual o valor do determinante de $\begin{pmatrix} 3 & 5 \\ 2 & 4 \end{pmatrix}$?

a) 2
b) 3
c) 4
d) 5
e) 22

DICA: mesmo sabendo calcular de maneira mais fácil, tente resolver pelo teorema.

5) Calculando pelo teorema de Laplace, qual o determinante de $\begin{pmatrix} 1 & 2 & 3 \\ 3 & 2 & 1 \\ 1 & -1 & 1 \end{pmatrix}$?

a) 1
b) 6
c) −6
d) 16
e) −16

6) Qual o determinante de $\begin{pmatrix} 0 & 1 & 2 & 0 \\ -1 & 1 & 0 & 0 \\ 0 & -2 & 0 & 1 \\ 0 & -1 & 1 & 1 \end{pmatrix}$?

a) −1
b) 1
c) 7
d) −7
e) 0

7) O valor do determinante de $\begin{pmatrix} 1 & 0 & 1 & 1 \\ -1 & 0 & 1 & 0 \\ 0 & -2 & 0 & 1 \\ 0 & 0 & -1 & 1 \end{pmatrix}$

pertence a qual intervalo?

a) (7,9)
b) (5,8)
c) (3,6)
d) (2,3)
e) (1,2)

8) O determinante seguinte é chamado de **Vandermond**. Qual seu valor?

$\begin{pmatrix} 1 & 1 & 1 & 1 \\ 1 & 2 & 3 & 4 \\ 1 & 4 & 9 & 16 \\ 1 & 8 & 27 & 64 \end{pmatrix}$

a) 12
b) 10
c) 8
d) 6
e) 4

Observação

Para esse determinante, há uma maneira mais fácil de calcular. Busque informações sobre ele e refaça o exercício para conferir o resultado.

9) Para poder exercitar bem o teorema, qual o determinante de $\begin{pmatrix} 1 & 1 & 1 & 1 \\ 1 & 2 & 2 & 2 \\ 1 & 2 & 3 & 3 \\ 1 & 2 & 3 & 4 \end{pmatrix}$?

a) 0
b) 1
c) 2
d) 3
e) 4

Observação
Pelo fato de não apresentar zeros no determinante, este exercício recairá em outros quatro determinantes 3×3.

10) Calculando o determinante de
$$\begin{pmatrix} 1 & 5 & -1 & 1 \\ 7 & 2 & 3 & 0 \\ 1 & -2 & 0 & 0 \\ 1 & 0 & 0 & 0 \end{pmatrix},$$
encontramos um número:
a) irracional.
b) ímpar.
c) quadrado perfeito.
d) primo.
e) par.

7.5 Sistemas lineares

Sistemas lineares são sistemas de equações nos quais todas as incógnitas são de primeiro grau.

Anteriormente vimos como resolver um sistema 2×2: com duas equações e duas incógnitas. Agora, veremos como resolver um sistema quadrado de qualquer ordem.

7.5.1 Regra de Cramer

Serve para resolver sistemas que tenham n incógnitas e n equações. Para utilizar a regra de Cramer, devemos organizar as incógnitas para que incógnitas iguais ocupem uma única coluna.

Após isso, chamamos de:

- D = determinante formado pelos coeficientes das letras;
- D_x = determinante D trocando os coeficientes de x pelos termos independentes;
- D_y = determinante D trocando os coeficientes de y pelos termos independentes;
- D_z = determinante D trocando os coeficientes de z pelos termos independentes.

Se necessário, seguimos a lista com mais incógnitas. Para encontrar as incógnitas, fazemos o seguinte:
$$x = \frac{D_x}{D}, y = \frac{D_y}{D}, z = \frac{D_z}{D}, \ldots$$

Observação
Os **termos independentes** são aqueles que não têm incógnita (letra). Eles devem aparecer depois do sinal de igual da equação.

Vejamos alguns exemplos:

a. $\begin{cases} 2x+y=5 \\ 3x+2y=8 \end{cases}$

Pela regra de Cramer, temos:

$D = \begin{vmatrix} 2 & 1 \\ 3 & 2 \end{vmatrix} = 4-3 = 1$

$D_x = \begin{vmatrix} 5 & 1 \\ 8 & 2 \end{vmatrix} = 10-8 = 2$

$D_y = \begin{vmatrix} 2 & 5 \\ 3 & 8 \end{vmatrix} = 16-15 = 1$

Assim: $x = \dfrac{D_x}{D} = \dfrac{2}{1} = 2$ e $y = \dfrac{D_y}{D} = \dfrac{1}{1} = 1$

b. $\begin{cases} 2x+y+z=7 \\ x+y-z=0 \\ x+2y-z=2 \end{cases}$

$D = \begin{vmatrix} 2 & 1 & 1 \\ 1 & 1 & -1 \\ 1 & 2 & -1 \end{vmatrix} = -2-1+2-1+4+1 = 3$

$D_x = \begin{vmatrix} 7 & 1 & 1 \\ 0 & 1 & -1 \\ 2 & 2 & -1 \end{vmatrix} = -7-2-2+14 = 3$

$D_y = \begin{vmatrix} 2 & 7 & 1 \\ 1 & 0 & -1 \\ 1 & 2 & -1 \end{vmatrix} = -7+2+4+7 = 6$

$D_z = \begin{vmatrix} 2 & 1 & 7 \\ 1 & 1 & 0 \\ 1 & 2 & 2 \end{vmatrix} = 4+14-7-2 = 9$

Então: $x = \dfrac{D_x}{D} = \dfrac{3}{3} = 1$, $y = \dfrac{D_y}{D} = \dfrac{6}{3} = 2$ e $z = \dfrac{D_z}{D} = \dfrac{9}{3} = 3$

Observações:

1. O último determinante não é necessário; uma vez que sabemos o valor das outras incógnitas, basta substituí-los em uma equação qualquer e encontrar a última.
2. Essa regra pode facilitar muito os cálculos quando os resultados forem frações.

Exercícios

1) O par ordenado (x, y), solução do sistema $\begin{cases} 2x+y=3 \\ 2x-y=1 \end{cases}$, é:

a) (1, 2)
b) (2, 1)
c) (1, 1)
d) (3, 2)
e) (2, 3)

2) A regra de Cramer é um bom método para resolver sistemas, principalmente quando as soluções não são inteiras. Qual o conjunto solução do sistema $\begin{cases} 3x+y=5 \\ 5x-4y=2 \end{cases}$?

a) $\left(\dfrac{22}{17}, \dfrac{19}{17}\right)$

b) $(19, 17)$

c) $\left(\dfrac{2}{17}, \dfrac{19}{17}\right)$

d) $\left(\dfrac{19}{17}, \dfrac{22}{17}\right)$

e) $\left(\dfrac{22}{19}, \dfrac{19}{17}\right)$

3) Duas pessoas fizeram compras juntas e se esqueceram de pegar nota fiscal. Ao chegar em casa, perceberam que não sabiam os preços dos produtos e conversaram para tentar calculá-los. A primeira comprou duas camisas e uma calça e pagou R$ 120,00; a segunda comprou duas calças e uma camisa e pagou R$ 150,00. Sabendo que ambas pagaram os mesmos preços em cada peça, qual o valor da calça?
a) R$ 120,00
b) R$ 90,00
c) R$ 100,00
d) R$ 60,00
e) R$ 30,00

4) Em uma sala de aula estudam 40 alunos. Se retirarmos 4 alunas, o número de alunos e alunas será igual. Qual o número de cada um deles?
a) 22 alunos e 18 alunas.
b) 20 alunos e 16 alunas.
c) 20 alunos e 20 alunas.
d) 18 alunos e 22 alunas.
e) 14 alunos e 26 alunas.

5) No sistema $\begin{cases} 2x+y-z=0 \\ 3x+y+z=2 \\ x-2y-z=10 \end{cases}$, o valor da incógnita x é:
a) 1
b) 2
c) 3
d) 4
e) 5

6) No sistema $\begin{cases} x+y+z=6 \\ 2x-y+z=3 \\ x+y-z=0 \end{cases}$, o valor de $x \cdot y \cdot z$ é:
a) −6
b) −3
c) 1
d) 3
e) 6

7) Uma pessoa tem 10 notas de real no bolso, entre notas de R$ 2,00, R$ 5,00 e R$ 10,00. O valor total das notas é R$ 40,00. Sabendo que existe apenas uma nota de R$ 10,00, qual a quantidade de notas de R$ 2,00?
a) 10
b) 8
c) 7
d) 6
e) 5

8) A soma de três números naturais é 25. A diferença entre o maior e o menor é 8. Sabendo que a diferença entre o número do meio e o menor é 2, qual o valor desses números?
   a) 7, 8 e 13
   b) 5, 7 e 13
   c) 4, 9 e 12
   d) 5, 10 e 10
   e) 7, 8 e 10

9) Qual o valor de y no sistema $\begin{cases} 2x+y-z=-3 \\ 4x-y-z=1 \\ x-2y+z=3 \end{cases}$?

   a) 0
   b) –1
   c) –2
   d) –3
   e) –4

10) Resolvendo o sistema $\begin{cases} x+y+z=3 \\ 2x-y-z=3 \\ x-y+z=3 \end{cases}$, podemos verificar que:

   a) $x < y < z$
   b) $x < z < y$
   c) $y < x < z$
   d) $y < z < x$
   e) $z < x < y$

8.1 Triângulos retângulos

Os *triângulos* são os polígonos mais utilizados em toda a matemática. Várias propriedades dos polígonos convexos podem ser obtidas decompondo-se o polígono em triângulos.

Triângulo retângulo é aquele que tem um ângulo reto (90 graus). O maior lado desse triângulo, oposto ao ângulo de 90°, é chamado de *hipotenusa* e os demais de *catetos*. Além disso, é comum representar seus ângulos por letras maiúsculas do nosso alfabeto, opostos aos lados que são representados pelas mesmas letras minúsculas.

Alguns preferem escrever os ângulos como letras minúsculas do alfabeto grego: α, β, γ, ...

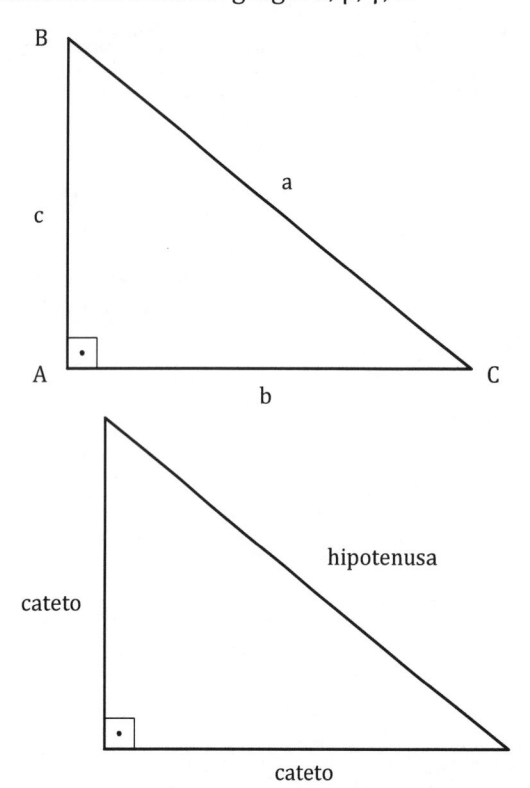

8.1.1 Teorema de Pitágoras

Pitágoras de Samos, matemático grego que viveu provavelmente no século III a.C., percebeu e demonstrou o seguinte teorema:

> **Observação**
> Em um triângulo retângulo, o quadrado da hipotenusa é igual à soma dos quadrados dos catetos.

Em linguagem matemática, ele descobriu que:

$$a^2 = b^2 + c^2$$

Em que *a* é a hipotenusa e *b* e *c* são os catetos.

Qual a utilidade dessa fórmula? Encontrar a medida de um lado de um triângulo retângulo quando conhecemos os outros.

Exemplos:

Vamos calcular o valor de *x* em cada triângulo a seguir:

a.

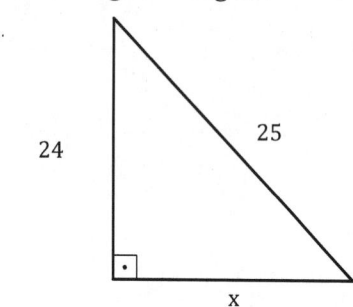

Utilizando o Teorema, temos: $25^2 = 24^2 + x^2$
$\rightarrow 625 = 576 + x^2 \rightarrow 49 = x^2 \rightarrow x = 7$

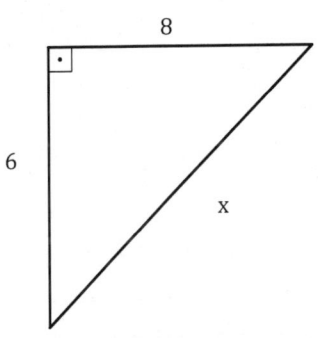

b.

Temos: $x^2 = 6^2 + 8^2 \rightarrow x^2 = 36 + 64 \rightarrow x^2 = 100$
$\rightarrow x = 10$

Exercícios

1) Sabendo que os lados de um retângulo medem 12 cm e 5 cm, qual a medida da diagonal do retângulo?
   a) 17 cm
   b) 13 cm
   c) 12 cm
   d) 10 cm
   e) 9 cm

2) Calculando a altura de um triângulo equilátero de lado igual a 2 cm, encontramos:
   a) $\sqrt{3}$
   b) $2\sqrt{3}$
   c) $\dfrac{\sqrt{3}}{2}$
   d) 3
   e) $\dfrac{3}{2}$

3) A hipotenusa de um triângulo retângulo isósceles mede $5\sqrt{2}$ cm. Cada um de seus catetos mede:
   a) 2 cm
   b) $\sqrt{2}$ cm
   c) $2\sqrt{2}$ cm
   d) 5 cm
   e) $5\sqrt{2}$ cm

4) Três números consecutivos representam as medidas dos lados de um triângulo retângulo. Que números são esses?
   a) 1, 2 e 3
   b) 2, 3 e 4
   c) 3, 4 e 5
   d) 4, 5 e 6
   e) 11, 12 e 13

5) Uma escada de bombeiro tem seu pé afastado 2 m de um muro, e a outra extremidade está apoiada no muro a 4 m de altura. Qual o comprimento da escada?
   a) 20 m
   b) $\sqrt{18}$ m
   c) $2\sqrt{2}$ m

d) $5\sqrt{2}$ m
e) $2\sqrt{5}$ m

6) Dois carros partem de um mesmo lugar seguindo direções que formam um ângulo de 90°. Um deles tem velocidade de 8 km por hora, e o outro tem velocidade de 15 km por hora. Após uma hora de viagem, qual a distância entre eles?
   a) 23 km
   b) 17 km
   c) 16 km
   d) 15 km
   e) 13 km

7) Certa rampa tem 100 m de comprimento. Quando estamos na parte mais elevada, ficamos a 10 m do chão. Caso esse percurso fosse sem elevação, qual seria sua medida aproximada?
   a) 99,5 m
   b) 99 m
   c) 98,5 m
   d) 98 m
   e) 95 m

8) Se, em um triângulo retângulo, um cateto mede o dobro do outro e a hipotenusa mede $3\sqrt{5}$ cm, qual a medida dos catetos em centímetros?
   a) 1 e 2
   b) 2 e 4
   c) 3 e 6
   d) 4 e 8
   e) 5 e 10

9) Um foguete é lançado com certa inclinação em relação ao solo. Após voar 500 km, verificou-se na torre de comando que ele estava a apenas 300 km de distância do lançamento. Qual sua altura nesse momento?
   a) 100 m
   b) 200 m
   c) 300 m
   d) 400 m
   e) 500 m

10) Qual a distância aproximada do segmento AB da figura a seguir?

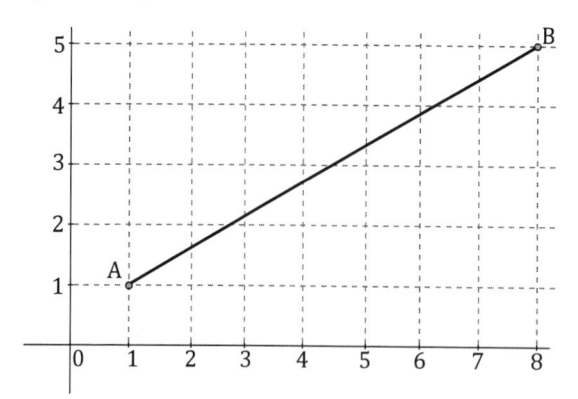

   a) 12 unidades.
   b) 11 unidades.
   c) 10 unidades.

d) 9 unidades.
e) 8 unidades.

8.2 Trigonometria no triângulo retângulo

Resolver um triângulo é encontrar o valor de todos os seus ângulos, bem como suas medidas de comprimento, lado, altura, mediana etc.

8.2.1 Teorema angular de Tales

Qualquer que seja o triângulo, a soma de seus ângulos internos é sempre igual a 180°.

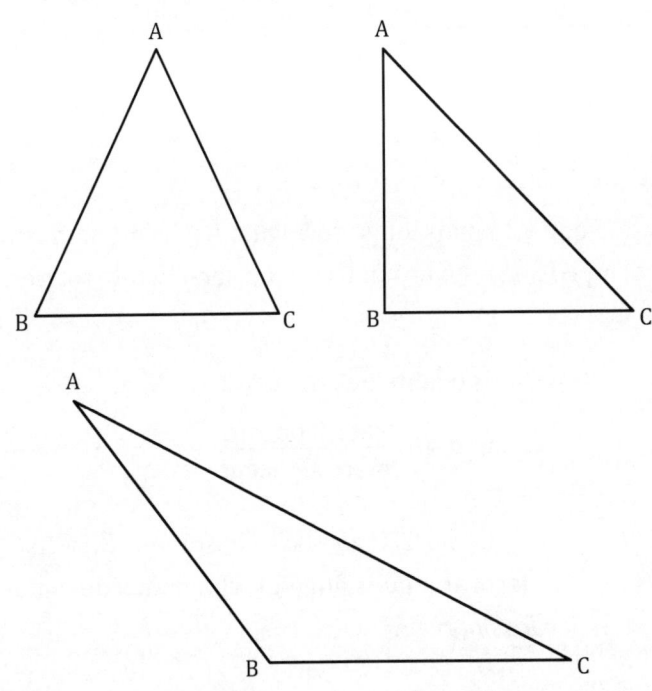

$A + B + C = 180°$

8.2.2 Teorema de Pitágoras

Em um triângulo retângulo, o quadrado da hipotenusa é igual à soma dos quadrados dos catetos:

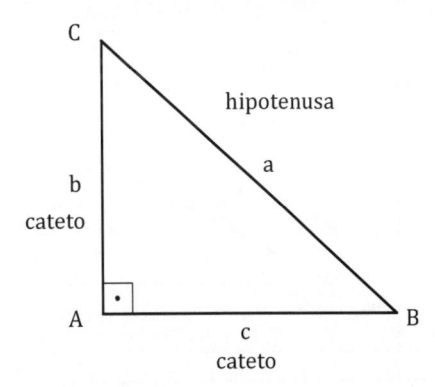

Ou: **hipotenusa² = cateto² + cateto²**.

No caso do triângulo anterior, de lados a, b e c, podemos escrever da seguinte forma: $a^2 = b^2 + c^2$.

8.2.3 Razões trigonométricas

Por enquanto, temos apenas fórmulas que possibilitam calcular um lado quando conhecemos os outros dois ou um ângulo quando são dados os outros. Agora, veremos fórmulas que relacionam os lados aos ângulos.

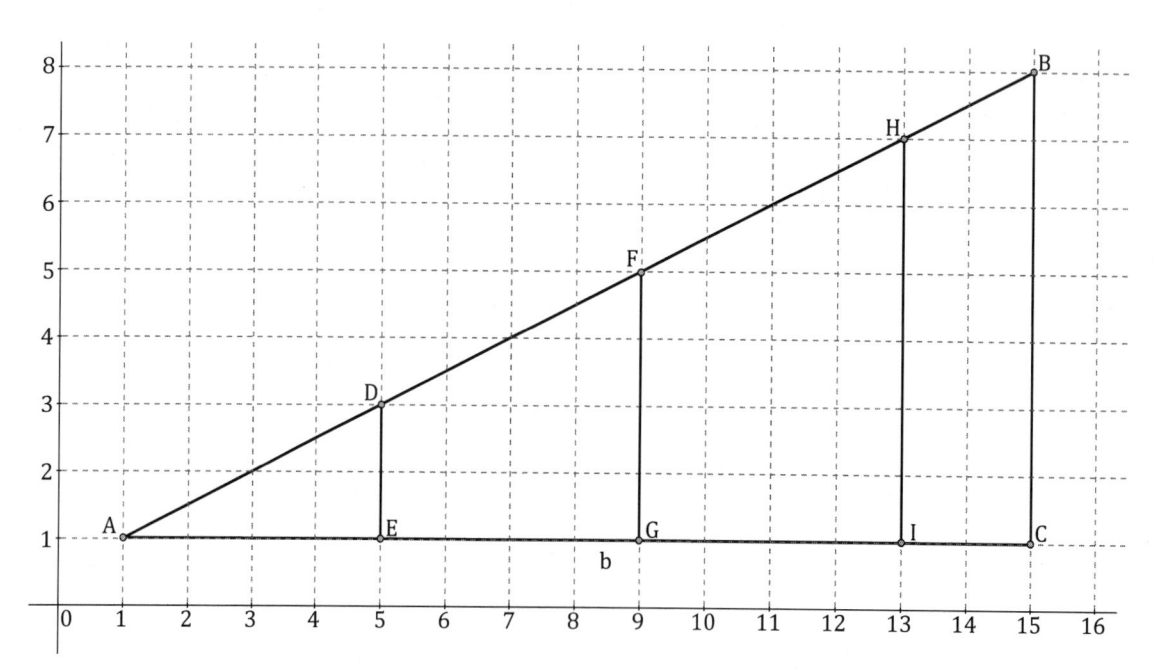

Na figura, podemos ver que:

$$\frac{DE}{EA} = \frac{2}{1} = \frac{1}{2}, \quad \frac{FE}{GA} = \frac{4}{8} = \frac{1}{2}, \quad \frac{HI}{IA} = \frac{6}{12} = \frac{1}{2} \text{ e } \quad \frac{BC}{CA} = \frac{7}{14} = \frac{1}{2}.$$

Ou seja, sempre que dividirmos o cateto que está mais longe do ângulo A pela hipotenusa, obteremos o mesmo resultado. Assim, sempre que houver um triângulo semelhante a estes, a razão será constante.

8.2.4 Expressões das razões trigonométricas

1. Seno de um ângulo α

$$\text{sen } \alpha = \frac{\text{cateto oposto}}{\text{hipotenusa}}$$

2. Cosseno de um ângulo α

$$\cos \alpha = \frac{\text{cateto adjacente}}{\text{hipotenusa}}$$

3. Tangente de um ângulo α

$$\text{tg } \alpha = \frac{\text{cateto oposto}}{\text{cateto adjacente}}$$

Como as razões são constantes, é preciso decorar alguns ângulos, chamados de *ângulos notáveis*.

Ângulos notáveis

	30°	45°	60°
sen	$\dfrac{1}{2}$	$\dfrac{\sqrt{2}}{2}$	$\dfrac{\sqrt{3}}{2}$
cos	$\dfrac{\sqrt{3}}{2}$	$\dfrac{\sqrt{2}}{2}$	$\dfrac{1}{2}$
tg	$\dfrac{\sqrt{3}}{3}$	1	$\sqrt{3}$

Exemplos

a. No triângulo a seguir, calcule a medida do lado AB:

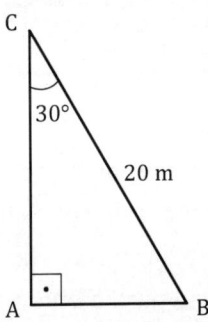

O lado AB é o cateto oposto ao ângulo dado de 30°. Como temos a hipotenusa, devemos encontrar uma razão trigonométrica que tenha cateto oposto e hipotenusa.

$$\operatorname{sen} \alpha = \frac{\text{cateto oposto}}{\text{hipotenusa}}$$

$$\operatorname{sen} 30° = \frac{AB}{20}$$

Da tabela, temos sen 30° = $\dfrac{1}{2}$, então:

$$\frac{1}{2} = \frac{AB}{20}$$

De onde encontraremos AB = 10 m.

b. Encontre a medida da hipotenusa do triângulo a seguir:

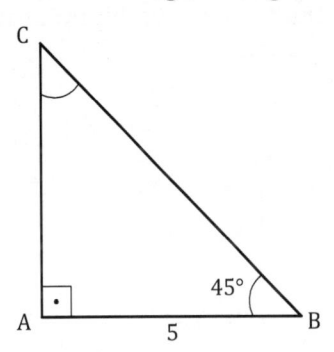

Em relação ao ângulo, temos o cateto adjacente e pretendemos calcular a hipotenusa. Dessa forma, devemos calcular o cosseno do ângulo:

$$\cos 45° = \frac{AB}{BC}$$

$$\frac{\sqrt{2}}{2} = \frac{5}{BC}$$

$$BC = \frac{10}{\sqrt{2}}$$

Teríamos terminado aqui se não fosse necessário racionalizar o denominador:

$$BC = \frac{10}{\sqrt{2}} \cdot \frac{\sqrt{2}}{2} = \frac{10\sqrt{2}}{2} = 5\sqrt{2}$$

Exercícios

1) Qual o valor da hipotenusa na figura a seguir?

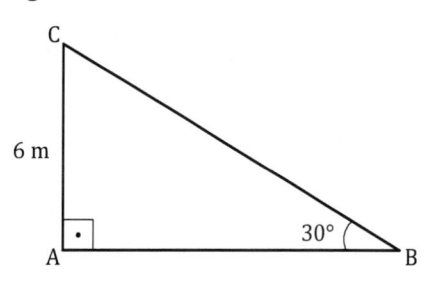

   (triângulo retângulo em A, cateto AC = 6 m, ângulo em B = 30°)

   a) 12 m
   b) 10 m
   c) 8 m
   d) 7 m
   e) 6 m

2) Um avião alça voo sob um ângulo de 30 graus. Após ter voado 1 000 m, a que altura do chão ele se encontra?

   a) 500 m
   b) 600 m
   c) 700 m
   d) 800 m
   e) 1 000 m

3) A medida da diagonal de um quadrado é de $5\sqrt{2}$ m. Qual a medida do lado desse quadrado?

   a) $\sqrt{2}$ m
   b) 2 m
   c) 5 m
   d) $5\sqrt{2}$ m
   e) $2\sqrt{5}$ m

4) Na figura seguinte, qual o valor do ângulo B, em graus?

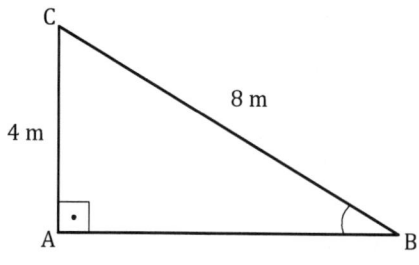

   (triângulo retângulo em A, cateto AC = 4 m, hipotenusa CB = 8 m)

   a) 30
   b) 45
   c) 60
   d) 75
   e) 90

5) Uma pipa (pandorga, papagaio) foi solta em um dia de sol. Seu dono gostaria de saber a que altura ela estava e amarrou-a ao chão para efetuar os cálculos. As únicas coisas que sabia é que o fio de 100 m estava totalmente desenrolado e que o ângulo formado entre o fio e o chão era de 45°. Qual a altura aproximada da pipa?

   a) 100 m
   b) 50 m
   c) $25\sqrt{2}$ m
   d) $50\sqrt{2}$ m
   e) $100\sqrt{2}$ m

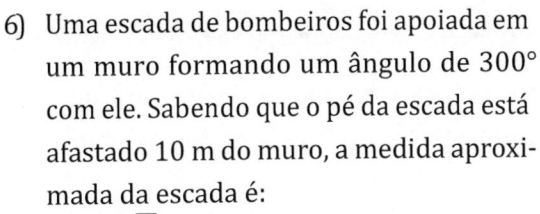

6) Uma escada de bombeiros foi apoiada em um muro formando um ângulo de 300° com ele. Sabendo que o pé da escada está afastado 10 m do muro, a medida aproximada da escada é:
a) $\dfrac{20\sqrt{3}}{3}$ m
b) 20 m
c) $20\sqrt{3}$ m
d) $10\sqrt{3}$ m
e) $\dfrac{10\sqrt{3}}{3}$ m

7) O ângulo formado pela diagonal de um retângulo e um de seus lados é 30°. Sabendo que a diagonal mede 8 cm, então o perímetro do retângulo mede, em centímetros:
a) $8\sqrt{3}$
b) $4 + 4\sqrt{3}$
c) 8
d) $8 + 8\sqrt{3}$
e) 16

8) A altura de um triângulo equilátero é $6\sqrt{3}$ cm. Então, a medida do lado desse triângulo é:
a) 3 cm
b) 6 cm
c) $3\sqrt{3}$ cm
d) $6\sqrt{3}$ cm
e) 12 cm

9) Após subir 100 m em uma rampa com 60° de inclinação, a que altura uma pessoa estará do ponto em que começou a subida?
a) $60\sqrt{3}$ m
b) 60 m
c) $50\sqrt{3}$ m
d) 50 m
e) $100\sqrt{3}$ m

10) Sabendo que sen 20° = 0,34 e que cos 20° = 0,94, as medidas de **b** e **c** na figura são, nesta ordem:

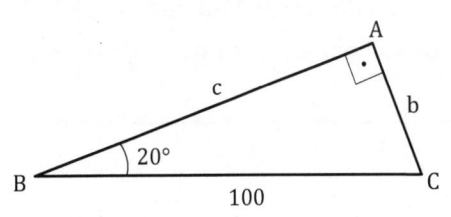

a) 34 e 94
b) 94 e 34
c) 0,34 e 0,94
d) 0,94 e 0,34
e) 9,4 e 3,4

8.3 Triângulos quaisquer

Aprendemos a calcular lados e ângulos apenas em triângulos retângulos utilizando o Teorema de Pitágoras e as razões trigonométricas com os arcos notáveis. Agora, veremos como calcular lados e ângulos em qualquer triângulo (inclusive retângulo).

Antes de começar, vamos relembrar o teorema angular de Tales: a soma dos ângulos internos de um triângulo qualquer é sempre 180°.

8.3.1 Lei dos senos

Em qualquer triângulo, a razão entre a medida de um lado e o seno do ângulo a ele oposto é proporcional à razão de outro lado qualquer pelo seno de seu ângulo oposto.

Dessa maneira, temos:

$$\frac{a}{\operatorname{sen} A} = \frac{b}{\operatorname{sen} B} = \frac{c}{\operatorname{sen} C} = 2R$$

Em que 2R significa o diâmetro, caso esse triângulo esteja inscrito em uma circunferência.

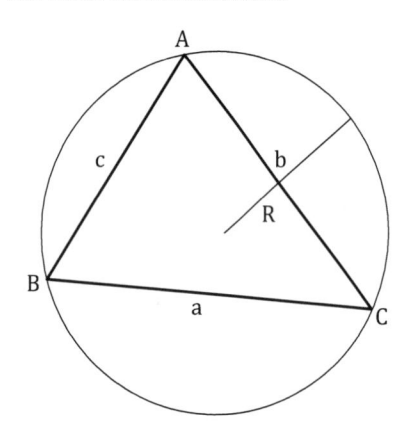

Exemplo

Encontre as medidas do lado c e do ângulo C do triângulo seguinte.

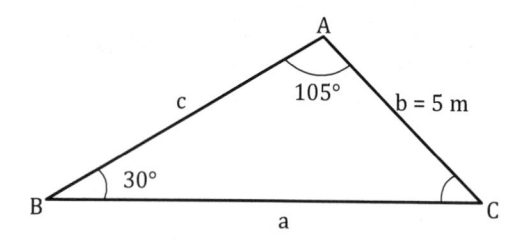

Sabemos que A + B + C = 180°, então 105° + 30° + C = 180°, assim C = 45°.

Pela lei dos senos:

$$\frac{b}{\operatorname{sen} B} = \frac{c}{\operatorname{sen} C}$$

$$\frac{5}{\operatorname{sen} 30°} = \frac{c}{\operatorname{sen} 45°}$$

$$\frac{5}{\frac{1}{2}} = \frac{c}{\frac{\sqrt{2}}{2}}$$

$$c = 5\sqrt{2} \text{ m}$$

8.3.2 Lei dos cossenos

Em um triângulo qualquer, o quadrado da medida de um dos lados é igual à soma dos quadrados dos outros dois menos o duplo produto deles pelo cosseno do ângulo por eles formado.

Em símbolos:

$$a^2 = b^2 + c^2 - 2 \cdot b \cdot c \cdot \cos A$$
$$b^2 = a^2 + c^2 - 2 \cdot a \cdot c \cdot \cos B$$
$$c^2 = a^2 + b^2 - 2 \cdot a \cdot b \cdot \cos C$$

Exemplo

Duas pessoas que partem de um mesmo ponto andam em direções diferentes, que formam um ângulo de 60°. Após andarem 10 m e 15 m, qual a distância entre elas?

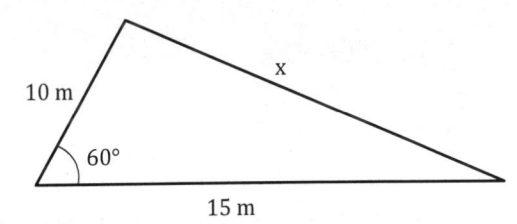

$a^2 = b^2 + c^2 - 2 \cdot b \cdot c \cdot \cos A$
$x^2 = 10^2 + 15^2 - 2 \cdot 10 \cdot 15 \ (1/2)$
$x^2 = 100 + 225 - 150$
$x^2 = 175$
$x = \sqrt{175}$
$x = 5\sqrt{7}$ m

8.3.3 Lei das áreas

É possível encontrar a área de qualquer triângulo conhecendo apenas dois de seus lados e o seno do ângulo por eles formado.

Assim, a área de qualquer triângulo pode ser calculada da seguinte forma:

$$S_\Delta = \frac{a \cdot b \cdot \operatorname{sen} C}{2}$$

$$S_\Delta = \frac{b \cdot c \cdot \operatorname{sen} A}{2}$$

$$S_\Delta = \frac{a \cdot c \cdot \operatorname{sen} B}{2}$$

8.3.4 Fórmula de Heron

É possível calcular a área de um triângulo quando conhecemos apenas as medidas de seus lados. Sendo a, b e c as medidas dos lados de um triângulo, chamamos seu perímetro de 2p = a + b + c. Desse modo, o semiperímetro pode ser dado por $p = \frac{a + b + c}{2}$ e a área do triângulo por $S_\Delta = \sqrt{p(p - a)(p - b)(p - c)}$.

Exercícios

1) Dois lados de um triângulo medem 6 cm e 8 cm, e o ângulo por eles formado é de 120°. Qual a medida do terceiro lado?

Observação

cos 120° = –cos 60° e sen 120° = sen 60° (em breve veremos o motivo!).

a) $37\sqrt{2}$ cm
b) 37 cm
c) 74 cm
d) $2\sqrt{37}$ cm
e) 2 + 37 cm

2) Ainda em relação ao triângulo anterior, qual sua área em cm²?
   a) 12
   b) $12\sqrt{3}$
   c) $12 \cdot 3$
   d) $3\sqrt{12}$
   e) 12^3

3) Quais os valores de x e y na figura a seguir?

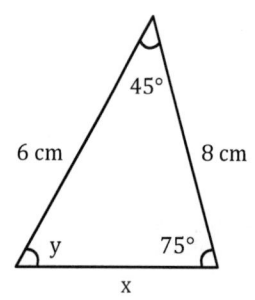

   a) $8\sqrt{3}$ cm e 60°
   b) $8\sqrt{6}$ cm e 60°
   c) $\dfrac{8\sqrt{3}}{6}$ cm e 60°
   d) $\dfrac{8\sqrt{3}}{3}$ cm e 60°
   e) $\dfrac{8\sqrt{6}}{3}$ cm e 60°

4) Dois veículos se encontram em um mesmo ponto e partem em direções que formam um ângulo de 120°. Após andarem 500 m cada um, param novamente. Qual a nova distância entre eles?

   Observação
   Lembre-se de que cos 120° = –cos 60°.

   a) $500\sqrt{3}$ m
   b) 500 m
   c) $500\sqrt{2}$ m
   d) $\dfrac{500\sqrt{3}}{2}$ m
   e) $\dfrac{500\sqrt{3}}{3}$ m

5) Sabendo que a área de um triângulo é 1,5 m² e que dois de seus lados medem 3 m e 2 m, qual a medida do seno do ângulo por eles formado?

   a) $\dfrac{4}{3}$
   b) $\dfrac{4}{5}$
   c) $\dfrac{3}{4}$
   d) $\dfrac{5}{4}$
   e) $\dfrac{5}{3}$

6) Um dos lados de um triângulo mede 10 m e o seno do ângulo aposto a ele vale $\dfrac{1}{2}$. Qual a área da circunferência circunscrita a ele?

   Observação
   Lembre-se de que a área do círculo é dada por $\pi \cdot r^2$.

   a) 100π m²
   b) 50π m²

c) $25\pi\ m^2$
d) $10\pi\ m^2$
e) $5\pi\ m^2$

7) Os lados de um triângulo medem 3 cm, 4 cm e 6 cm. O cosseno do maior ângulo desse triângulo mede:

a) $\dfrac{36}{49}$

b) $-\dfrac{36}{49}$

c) $\dfrac{11}{24}$

d) $-\dfrac{11}{24}$

e) $\dfrac{24}{11}$

DICA: Em um triângulo, oposto ao maior lado está o maior ângulo.

8) Em um triângulo, o lado a = 3 cm e o lado b = 5 cm. Sabendo ainda que Â = 30°, qual o valor do sen B?

a) $\dfrac{6}{5}$

b) $\dfrac{5}{6}$

c) $-\dfrac{6}{5}$

d) $-\dfrac{5}{6}$

e) $\dfrac{5}{7}$

9) Em um triângulo, o lado a = 7 cm, enquanto que o lado b = 5 cm. Sabendo que o cosseno do ângulo A vale $\dfrac{1}{2}$, qual a medida do lado C?

a) 3 cm
b) 5 cm
c) 6 cm
d) 7 cm
e) 8 cm

10) Sendo O o centro da circunferência e sabendo que sen 60° = sen 120°, qual a comparação que se pode fazer entre as áreas dos triângulos AOC e BOC da figura a seguir?

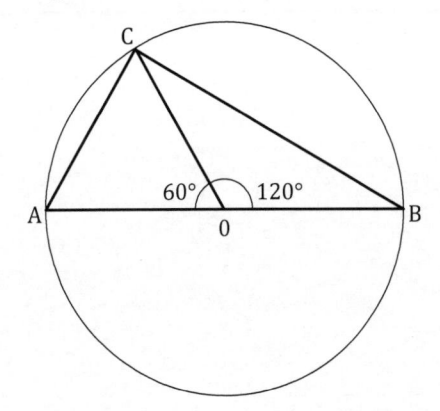

a) Área de AOC = área de BOC.

b) Área de AOC = $\dfrac{1}{2}$ (área de BOC).

c) $\dfrac{1}{2}$ (área de AOC) = área de BOC.

d) Área de AOC = 3(área de BOC).

e) 3(área de AOC) = área de BOC.

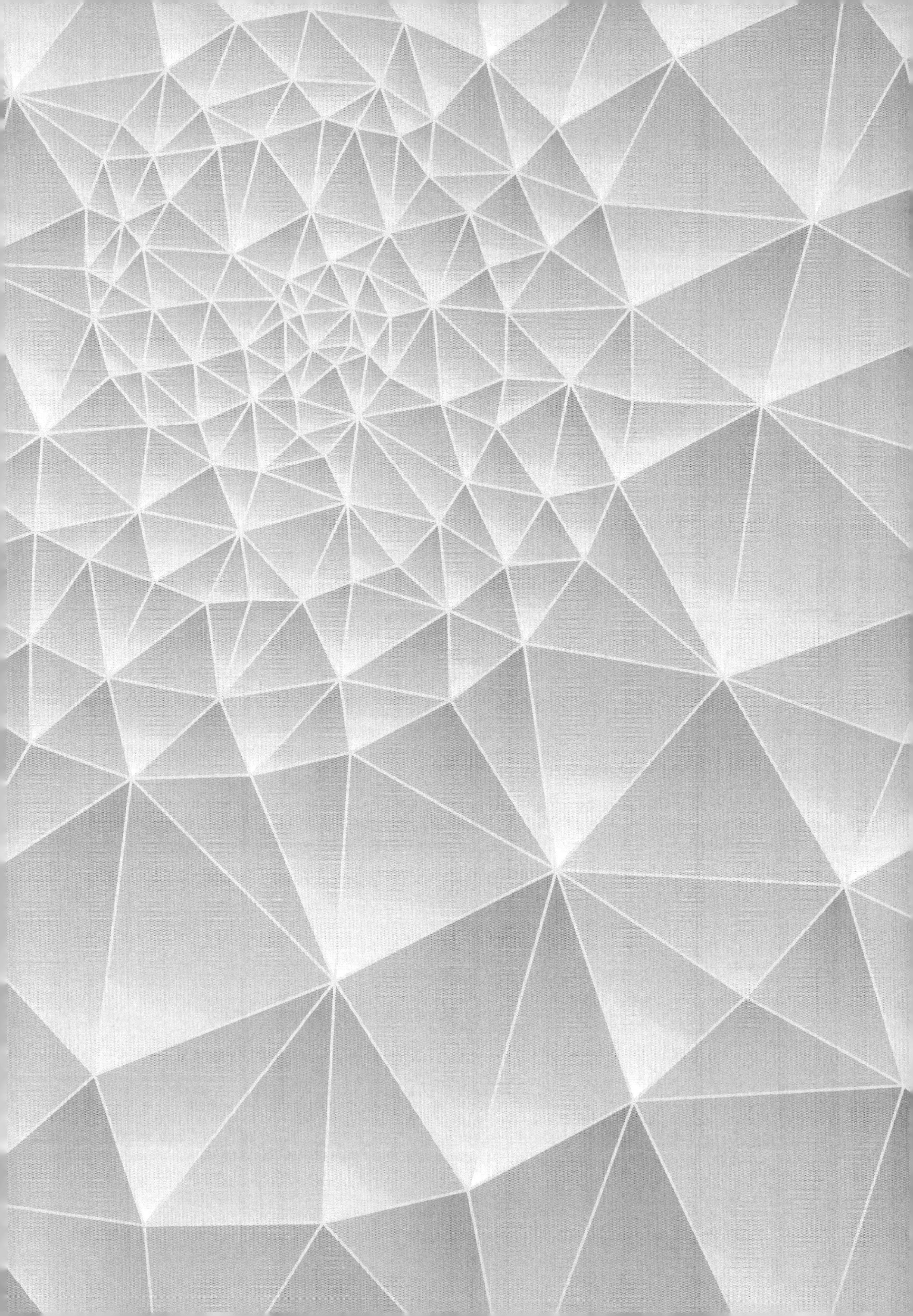

capítulo nove

9.1 Ciclo trigonométrico

Para estudarmos este tópico, precisamos primeiro definir alguns conceitos básicos. Chamamos de *ângulo* a região delimitada por duas semirretas de mesma origem. O instrumento de medida de ângulos é o **transferidor** e o **arco** é a distância entre dois pontos medida sobre uma circunferência. Vamos agora trabalhar com esses conceitos.

9.1.1 Medidas de ângulos

Para medir ângulos, usamos como unidade o grau, cujo símbolo é o °. Um grau (1°) é a abertura das semirretas referente a $\frac{1}{360}$ de uma circunferência.

Seus submúltiplos são:

- **Minuto**, cujo símbolo é '. $1' = \frac{1}{60}$ do grau;
- **Segundo**, cujo símbolo é ". $1'' = \frac{1}{60}$ do segundo.

9.1.2 Medidas de arcos

Um arco é medido sob uma circunferência. Uma circunferência tem comprimento medido em raios igual a 2π. A unidade de medida de arcos é o **radiano**.

9.1.3 Conversão de unidades

2π radianos = 360°; logo π radianos = 180°

Para transformar uma unidade na outra, podemos utilizar a regra de três.

Macete para converter graus em radianos:
Multiplicamos por $\frac{\pi}{180°}$

$$120° = 120° \cdot \frac{\pi}{180°} = \frac{2\pi}{3} \text{ radianos}$$

$$300° = 300° \cdot \frac{\pi}{180°} = \frac{5\pi}{3} \text{ radianos}$$

Macete para converter radianos em graus:
Troque π por 180°.

$$\frac{4\pi}{5} = \frac{4 \cdot 180°}{5} = 144°$$

$$\frac{3\pi}{4} = \frac{3 \cdot 180°}{4} = 135°$$

Para expandir os conceitos de triângulos retângulos e triângulos quaisquer, agora aprenderemos a trabalhar com ângulos de quaisquer medidas, positivos e negativos.

O ponto de início dos ângulos é o A. No sentido horário, os arcos serão **negativos**; no sentido anti-horário, serão **positivos**.

9.1.4 Quadrantes

- Os ângulos entre 0° e 90° estão situados no primeiro quadrante (I).
- Os ângulos entre 90° e 180° estão no segundo quadrante (II).
- Entre 180° e 270°, os ângulos encontram-se no terceiro quadrante (III).
- Entre 270° e 360°, os ângulos estão no quarto quadrante (IV).

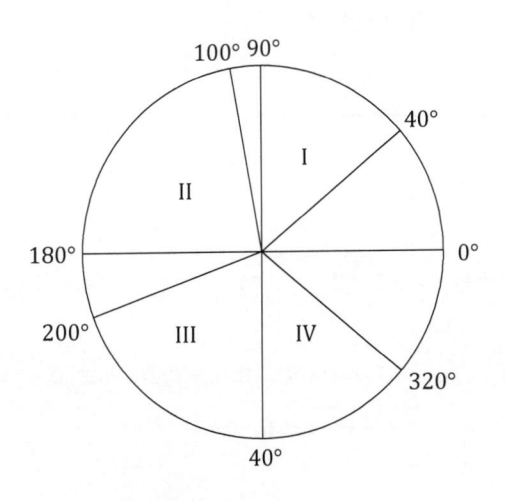

9.1.5 Menor Determinação Positiva (MDP)

É todo ângulo positivo menor do que uma volta:

Em graus: 0° ≤ ângulo < 360°
Em radianos: 0° ≤ arco < 2π

9.1.6 Arcos côngruos

São todos os arcos que têm a mesma extremidade.

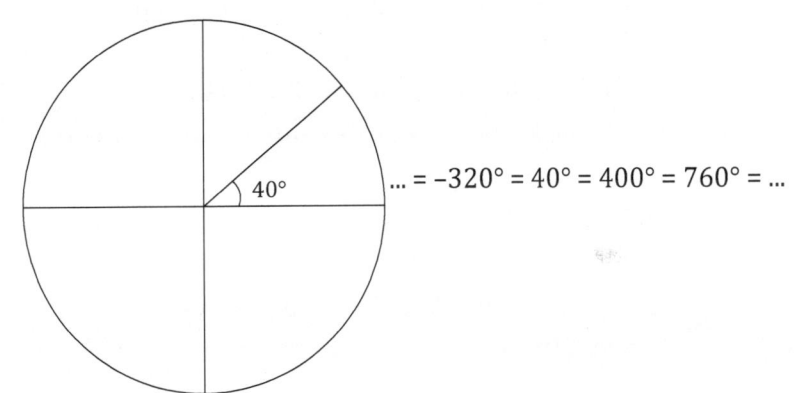

... = –320° = 40° = 400° = 760° = ...

No caso da figura acima, encontramos alguns dos arcos côngruos a 40° (MDP).

9.1.7 Fórmula geral dos arcos côngruos

É a fórmula que expressa todos os arcos côngruos a um arco dado:

- Em graus: MDP + 360° · k, em que **k** é um número inteiro.
- Em radianos: MDP + 2 · k · π, em que **k** é um número inteiro.

No exemplo anterior, a fórmula geral é 40° + 360°· k. Se substituirmos alguns valores inteiros no lugar de **k**, encontraremos alguns arcos côngruos ao que fora dado.

No exemplo 40° + 360° · k, fazendo k = –3, 1 e 5, teremos:

40° + 360° · (–3) = 40° – 1 080° = –1 040°,
40° + 360° · (1) = 400°,
40° + 360° · 5 = 40° + 1 800° = 1 840°.

Ou seja, –1 040°, 400° e 1 840° são arcos côngruos.

Exercícios

1) Qual a menor determinação positiva de 3 000°?
   a) 30°
   b) 60°
   c) 90°
   d) 120°
   e) 150°

2) Em que quadrante está o ângulo de –2 500°?
   a) I
   b) II
   c) III
   d) IV
   e) Nenhum quadrante.

3) Qual a fórmula geral dos arcos côngruos a 400°?
   a) 400° + 360° · k
   b) 360° · k
   c) 40° + 360° · k
   d) 40° + 180° · k
   e) 180° + 360° · k

4) Transformando $\dfrac{5\pi}{6}$ radianos em graus, obtemos:
   a) 150°
   b) 100°
   c) 75°
   d) 50°
   e) 25°

5) Transformando 210° em radianos, obtemos:
   a) $\dfrac{2\pi}{6}$
   b) $\dfrac{3\pi}{6}$
   c) $\dfrac{5\pi}{6}$
   d) $\dfrac{7\pi}{6}$
   e) $\dfrac{11\pi}{6}$

6) Em que quadrante está o arco de $\dfrac{17\pi}{4}$ radianos?
   a) I
   b) II
   c) III
   d) IV
   e) Nenhum quadrante.

7) Quantas voltas foram dadas no arco de $\dfrac{38\pi}{5}$ radianos?

   a) 5
   b) 4
   c) 3
   d) 2
   e) 1

8) Qual a menor determinação positiva de −2 000°?

   a) 60°
   b) 80°
   c) 100°
   d) 120°
   e) 160°

9) Um arco de $\dfrac{75\pi}{5}$ rad localiza-se:

   a) no I quadrante.
   b) no II quadrante.
   c) no III quadrante.
   d) no IV quadrante.
   e) entre o II e o III quadrantes.

10) A MDP do arco de $\dfrac{48\pi}{4}$ rad é:

   a) $\dfrac{8\pi}{7}$ rad
   b) $\dfrac{6\pi}{7}$ rad
   c) π rad
   d) $\dfrac{5\pi}{7}$ rad
   e) $\dfrac{-\pi}{7}$ rad

9.2 Funções trigonométricas

Anteriormente, vimos como calcular seno, cosseno e tangente para ângulos agudos (menores que 90°). Depois disso, passamos para os triângulos quaisquer, quando calculamos as mesmas funções com ângulos variando entre 0° e 180°. Agora, analisaremos o cálculo dessas funções para quaisquer ângulos.

9.2.1 Seno e cosseno no ciclo trigonométrico

Para facilitar os cálculos, os matemáticos utilizam o ciclo trigonométrico como um círculo de raio 1 unidade.

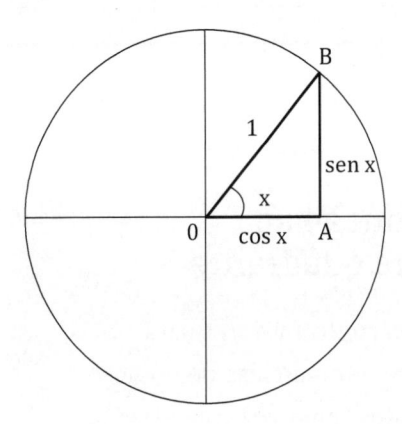

Como $\operatorname{sen} x = \dfrac{c.\,o.}{hip.} = \dfrac{AB}{OB} = \dfrac{AB}{1} = AB$,

então, o eixo Y é o eixo dos senos.

Da mesma forma, $\cos x = \dfrac{c.\,a.}{hip.} = \dfrac{OA}{OB} = \dfrac{OB}{1} = OA$,

então, o eixo dos cossenos é o eixo x.

9.2.2 Identidade fundamental da trigonometria

Qualquer que seja o ângulo x, temos $\operatorname{sen}^2 x + \cos^2 x = 1$. Assim, sempre que conhecermos uma das duas funções trigonométricas, encontramos facilmente a outra.

Lembramos, ainda, que $\operatorname{tg} x = \dfrac{\operatorname{sen} x}{\cos x}$ para ângulos diferentes de $90° + 180° \cdot k$, k inteiro, sendo possível então encontrar os sinais das funções nos quadrantes.

9.2.3 Sinais das funções nos quadrantes

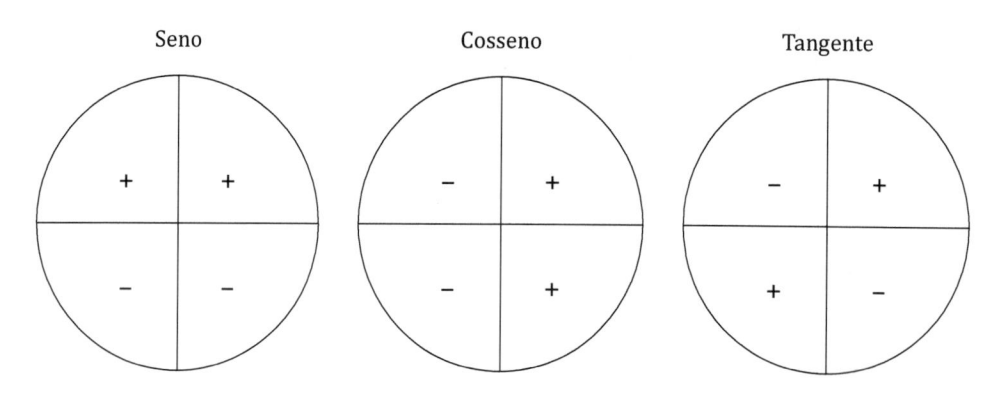

Seno: +, + (superior); −, − (inferior)
Cosseno: −, + (superior); −, + (inferior)
Tangente: −, + (superior); +, − (inferior)

9.2.4 Redução ao primeiro quadrante

Podemos encontrar valores para as funções trigonométricas de quaisquer ângulos, uma vez que estes podem ser reduzidos ao primeiro quadrante. Desse modo, todos os cálculos estarão entre 0° e 90°. Como nem sempre o uso de calculadoras é permitido, a maioria dos ângulos serão reduzidos a 30°, 45° e 60°.

Macete para reduzir ao primeiro quadrante:

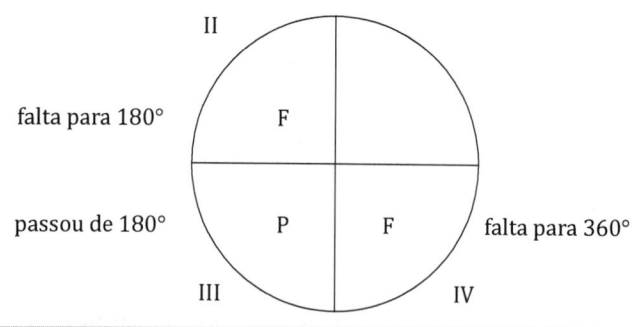

- II — falta para 180° — F
- III — passou de 180° — P
- IV — falta para 360° — F

Exemplos

a. $\operatorname{sen} 120° = (+) \operatorname{sen} (180° - 120°) = \operatorname{sen} 60°$
b. $\cos 210° = (-) \cos (210° - 180°) = -\cos 30°$
c. $\operatorname{tg} 315° = (-) \operatorname{tg} (360° - 315°) = -\operatorname{tg} 45°$

9.2.5 Arcos notáveis

	0°	30°	45°	60°	90°	180°	270°	360°
sen	0	$\frac{1}{2}$	$\frac{\sqrt{2}}{2}$	$\frac{\sqrt{3}}{2}$	1	0	-1	0
cos	1	$\frac{\sqrt{3}}{2}$	$\frac{\sqrt{2}}{2}$	$\frac{1}{2}$	0	-1	0	1
tg	0	$\frac{\sqrt{3}}{3}$	1	$\sqrt{3}$	não existe	0	não existe	0

9.2.6 Função seno

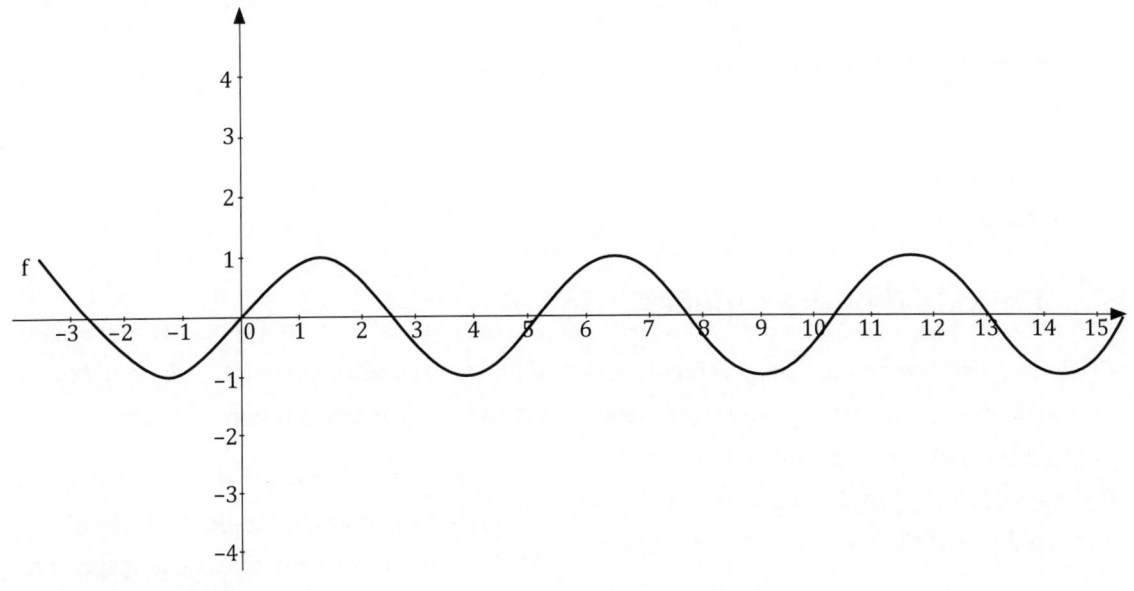

Imagem: [-1,1 }
Domínio: ℝ
Período: 2π

9.2.7 Função cosseno

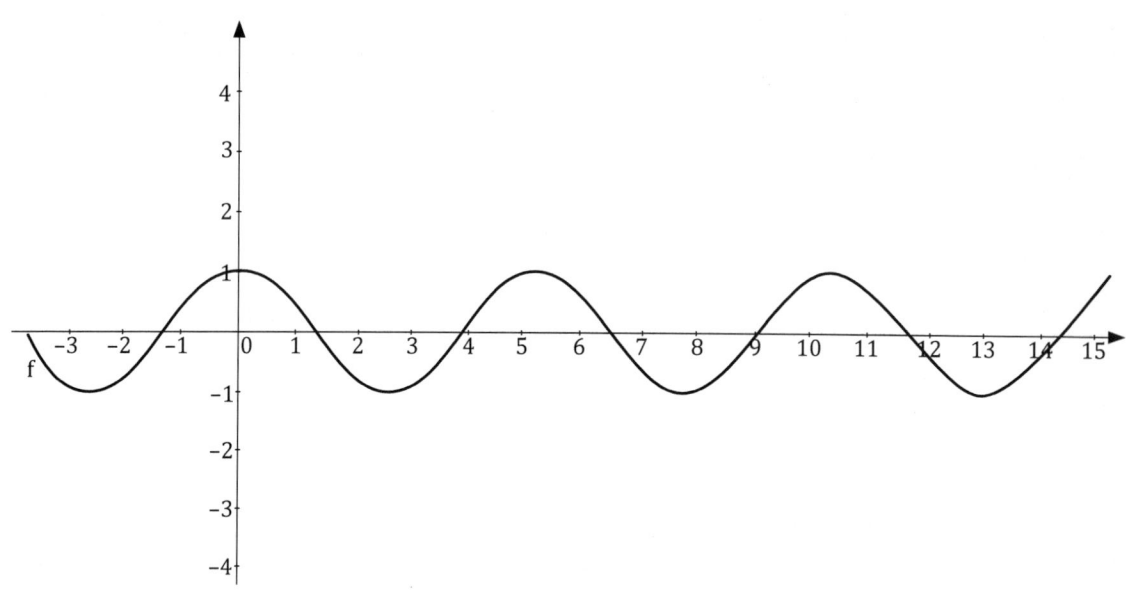

Imagem: [−1, 1]
Domínio: ℝ
Período: 2π

9.2.8 Período de uma função

Chama-se *período de uma função* o comprimento de uma onda da função, ou seja, a menor distância em que o gráfico não se repete. O período de uma função pode ser calculado como a distância entre duas cristas ou dois vales.

Nas funções f(x) = sen x e f(x) = cos x, o período da função pode ser calculado como: Período = $\left|\dfrac{2\pi}{c}\right|$, em que **c** é coeficiente de *x* na função.

As funções f(x) = sen(x) ou f(x) = cos(x) podem ser expressas como: y = a + b · sen(cx + d). Os parâmetros servem para:

- **a** → centro do gráfico (reta paralela ao eixo *x* que passa no meio do gráfico);
- **b** → somado e subtraído de **a** serve para encontrar o máximo e o mínimo da função;
- **c** → serve para calcular o período = $\left|\dfrac{2\pi}{c}\right|$;
- **d** → serve para transladar o gráfico em relação ao eixo *x*.

Como exemplo, y = sen(x) é o mesmo que y = 0 + 1 · sen(1x + 0), desse modo:

- a = 0 significa que o eixo *x* divide o gráfico ao meio;
- b = 1 significa que 0 + 1 é o máximo da função e 0 − 1 é o mínimo;
- c = 1 significa que o período = $\left|\dfrac{2\pi}{1}\right|$ = 2π;
- d = 0 significa que um período do gráfico começa na origem.

Exercícios

1) Sabendo que sen x = $\dfrac{3}{5}$, e que *x* pertence ao $\mathbb{Q}$, o valor de cos x é:
   a) $\dfrac{4}{5}$
   b) $-\dfrac{3}{5}$
   c) $-\dfrac{4}{5}$
   d) $\dfrac{5}{4}$
   e) $-\dfrac{5}{4}$

2) Se o produto sen x · cos x é positivo, podemos dizer que o arco *x* está no quadrante:
   a) I
   b) II
   c) III
   d) IV
   e) I ou III

3) O valor de cos 1 500° é igual a:
   a) sen 30°
   b) sen 60°
   c) sen 90°
   d) sen 120°
   e) sen 210°

4) O período da função f(x) = 5 + 3 · sen(2x + π) é:
   a) $\dfrac{\pi}{2}$
   b) $\dfrac{\pi}{3}$
   c) $\dfrac{\pi}{5}$
   d) π
   e) 1

5) A imagem da função do exercício anterior é:
   a) [−1, 5]
   b) [2, 8]
   c) [2, 5]
   d) [3, 5]
   e) $\left[-\dfrac{\pi}{2}, \dfrac{\pi}{2}\right]$

6) Sendo K um número inteiro, para quais ângulos a tangente não está definida?
   a) 30° + 360° · K
   b) 60° + 360° · K
   c) 90° + 360° · K
   d) 90° + 180° · K
   e) 90° + 90° · K

7) Sabendo que a tg $A = \dfrac{3}{4}$ e que cos $A = -\dfrac{4}{5}$, então o valor de sen A é:

a) $\dfrac{5}{3}$

b) $-\dfrac{3}{5}$

c) $\dfrac{4}{3}$

d) $-\dfrac{3}{4}$

e) $\dfrac{4}{5}$

8) A expressão $\dfrac{2 \cdot \text{sen } 150° + \text{tg } 315°}{\cos 300°}$ vale o mesmo que:

a) 0
b) 1
c) 2
d) 4
e) –2

9) A amplitude de uma onda é a diferença entre o ponto mais alto e o mais baixo dessa onda. A função $f(x) = 1 + 2 \cdot \cos(6x + \dfrac{\pi}{3})$ tem qual amplitude?

a) 1
b) 2
c) 3
d) 4
e) 5

10) Qual a função trigonométrica que tem período 2π?

a) f(x) = sen x
b) f(x) = sen (2x)
c) f(x) = 2 · sen (2x)
d) f(x) = 2 · sen (2x + 2)
e) f(x) = 2 + 2 · sen (2x + 2)

capítulo dez

10.1 Geometria de posição e métrica

Neste capítulo, mostraremos como uma teoria foi construída passo a passo. Veremos quais elementos e quais propriedades precisamos para iniciar essa teoria, e como, a partir deles, podemos extrapolar conhecimentos e provar novas propriedades. A teoria em questão é a geometria de posição e métrica, que visa estudar pontos, retas e planos e também a relação entre eles.

10.1.1 Entes primitivos

Referem-se àqueles entes que não têm definição. São os elementos básicos iniciais para a construção da geometria: o **ponto** (representado por letras maiúsculas do nosso alfabeto), a **reta** (representada por letras minúsculas do nosso alfabeto) e o **plano** (representado por letras minúsculas do alfabeto grego).

Tais elementos podem ser intuídos como uma estrela vista de longe, um fio esticado ou uma folha de papel, embora essas representações sejam muito deficientes. Vejamos as características:

- O ponto não tem dimensão, nem comprimento, nem largura, nem altura.
- A reta tem uma única dimensão, tem comprimento, mas não tem largura nem altura.
- O plano tem duas dimensões, comprimento e largura, mas sua altura é zero.

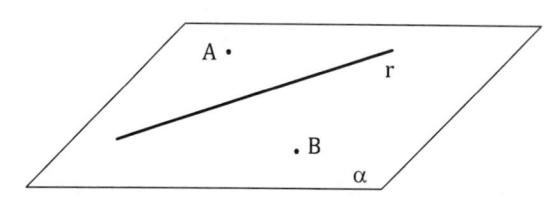

Ao conjunto de todos os pontos, retas e planos chamamos ***espaço***.

10.1.2 Postulados ou axiomas

São propriedades que não precisam ser demonstradas, sendo aceitas pela sua simplicidade. Exemplos:

- Existem infinitos pontos, retas e planos.
- O plano é infinito.
- Três pontos não colineares definem um plano.

10.1.3 Teoremas

São propriedades que devem ser demonstradas e provadas para que sejam aceitas. Exemplo:

- A soma dos ângulos internos de um triângulo é igual a 180°.

10.1.4 Postulados de existência

- Em uma reta e também fora dela existem infinitos pontos.
- Em um plano e também fora dele existem infinitos pontos.

10.1.5 Postulados da determinação

- Dados dois pontos distintos do espaço, existe uma única reta que os contenha.
- Dados três pontos não colineares do espaço, existe um único plano que os contenha.

10.1.6 Postulado da inclusão

- Se uma reta tem dois de seus pontos distintos pertencentes a um plano, então essa reta está contida no plano.

10.1.7 Posições relativas entre duas retas

Quando duas retas pertencem a um mesmo plano, dizemos que elas são *coplanares*. Entre as retas coplanares, temos:

- **Paralelas**: quando não têm ponto em comum.
- **Concorrentes**: quando têm um único ponto em comum.
- **Coincidentes**: quando têm todos os pontos em comum.

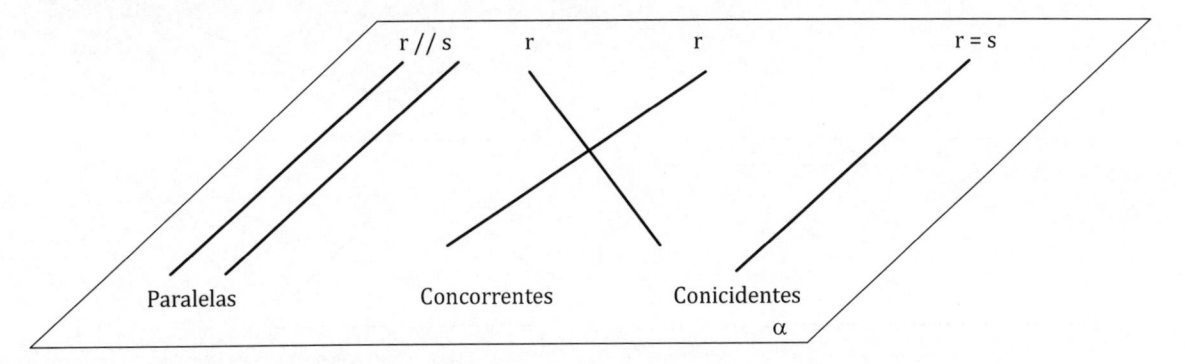

Quando não pertencem a um mesmo plano, são denominadas **reversas**.

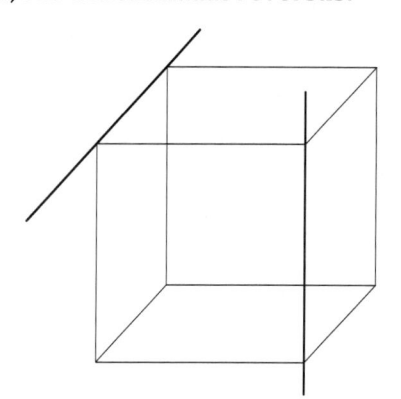

Observação

Quando duas retas fazem um ângulo de 90°, chamamos de:

- **Perpendiculares**: se estiverem em um mesmo plano;
- **Ortogonais**: se não existe um plano que as contenha (embora, às vezes, essa denominação seja adotada como sinônimo de *perpendicular*).

10.1.8 Teoremas da definição de um plano

Definem um plano:

T1) Três pontos não colineares.
T2) Uma reta e um ponto fora desta.
T3) Duas retas paralelas.
T4) Duas retas concorrentes.

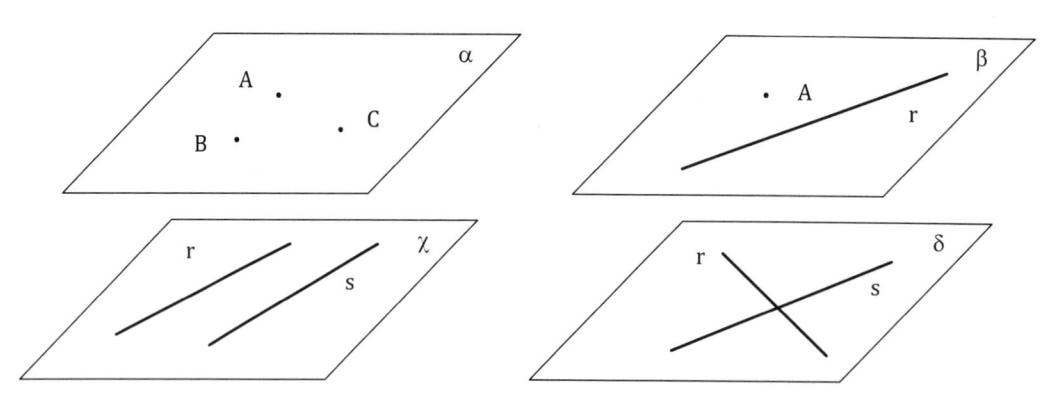

10.1.9 Posição relativa entre uma reta e um plano

- **Paralelos**: quando não há ponto em comum.
- **Concorrentes**: quando há apenas um ponto em comum.
- **Contida**: quando a reta tem todos os seus pontos no plano.
- **Perpendicular**: além de ser concorrente ao plano, forma um ângulo de 90° com ele.

Para que isso aconteça, a reta deve ser ortogonal a duas retas concorrentes desse plano no ponto de intersecção.

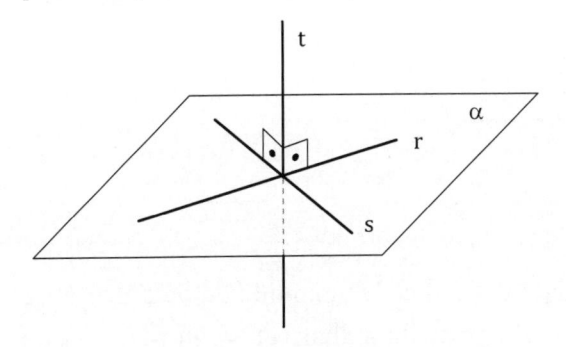

10.1.10 Ângulo formado por duas retas

Se as retas estiverem no mesmo plano, basta desenhar o ângulo. Devemos lembrar que, se forem paralelas, o ângulo entre elas é de 0°.

Se as retas não estiverem no mesmo plano, devemos projetar uma delas no plano da outra.

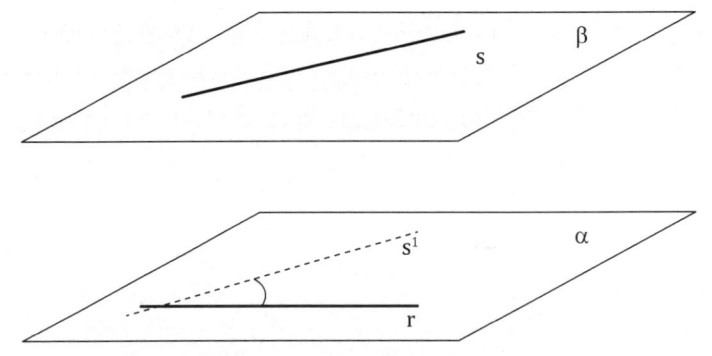

Na figura, a reta s^1 é a projeção ortogonal de s sobre o plano alfa.

10.1.11 Ângulo formado por dois planos

É medido tomando-se um plano perpendicular à interseção dos dois.

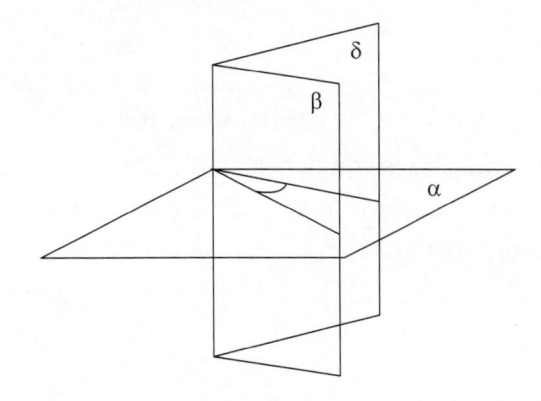

10.1.12 Posições relativas entre dois planos

Dois planos podem ser:

- **Paralelos**: quando não há intersecção.
- **Coincidentes**: quanto têm todos os pontos em comum (na verdade é um mesmo plano).
- **Concorrentes**: quando há uma reta em comum.

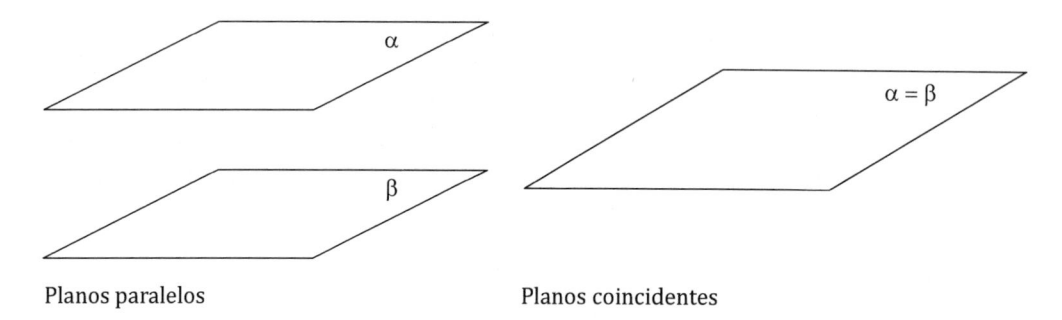

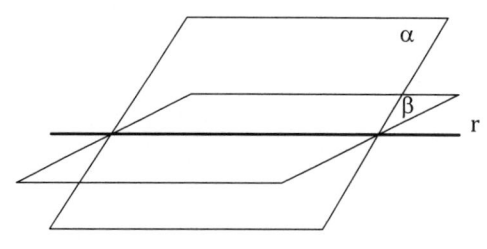

Planos paralelos

Planos coincidentes

Planos concorrentes

Há certas condições para que os planos sejam definidos de um modo ou de outro. Para que seja **paralelo**, um plano deve, obviamente, ser paralelo a duas retas concorrentes do outro plano.

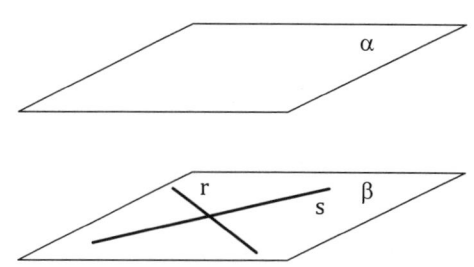

Para ser **perpendicular**, um plano deve ser perpendicular a duas retas concorrentes do outro.

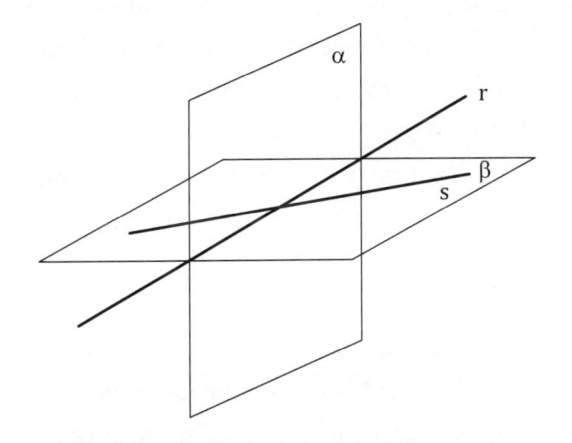

Exercícios

1) Os instrumentos óticos de precisão (teodolito, câmeras etc.) apresentam apenas três pernas. O principal motivo disso ocorre:
   a) em razão de economia.
   b) em função da numerologia.
   c) porque por três pontos não colineares passa um único plano.
   d) porque o triângulo é um objeto perfeito.
   e) porque três pés são suficientes para qualquer aparelho.

2) Por três pontos distintos e não colineares do espaço:
   a) passa uma única reta.
   b) passa um único plano.
   c) passam infinitas retas.
   d) passam infinitos planos.
   e) passam infinitos círculos.

3) Não é condição de existência de um plano:
   a) três pontos distintos não colineares.
   b) uma reta e um ponto fora dela.
   c) duas retas paralelas.
   d) duas retas concorrentes.
   e) três pontos quaisquer.

4) Não é um postulado:
   a) Existem infinitos pontos.
   b) Existem infinitas retas.
   c) Por um ponto fora de uma reta passa uma única reta paralela a ela.
   d) A soma dos ângulos internos de um triângulo é de 180°.
   e) Se dois pontos de uma reta estão em um plano, então a reta está contida nesse plano.

5) Para que uma reta seja perpendicular a um plano:
   a) deve ser perpendicular a uma única reta do plano.
   b) deve ser perpendicular a duas retas do plano.
   c) deve ser perpendicular a duas retas concorrentes desse plano no ponto de intersecção.
   d) dever ser perpendicular a duas retas paralelas desse plano.
   e) deve ser paralela a duas retas perpendiculares do plano.

6) Na figura a seguir, as retas r e s são:

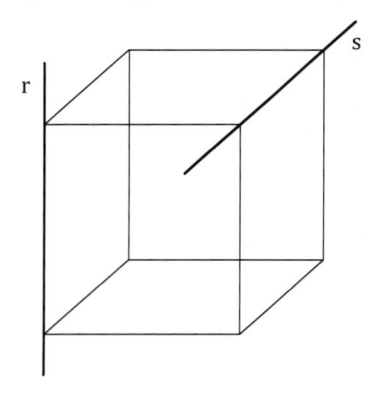

a) perpendiculares.
b) ortogonais.
c) reversas.
d) não paralelas.
e) todas as anteriores.

7) Na figura seguinte, temos um prisma no qual as bases são iguais e paralelas e as faces laterais são retângulos. É verdadeiro que:

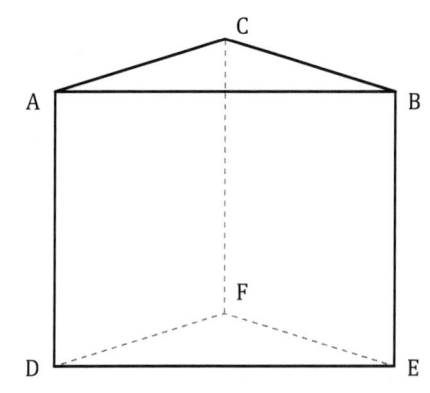

a) os planos ACFD e BCF são paralelos.
b) os planos ACB e FDE são paralelos.
c) os planos ACB e ACF são paralelos.
d) os planos ABED e DFE são paralelos.
e) os planos ACB e DFC são paralelos.

8) Das proposições a seguir, a única falsa é:
a) Se duas retas distintas são paralelas a uma terceira, então são paralelas entre si.
b) Se duas retas distintas são perpendiculares a uma terceira, então são perpendiculares entre si.
c) Três retas distintas podem definir três planos.
d) Duas retas perpendiculares definem um único plano.
e) Três pontos distintos podem definir três retas.

9) Em se tratando do ângulo formado por duas retas não coplanares:
a) não pode ser medido.
b) é sempre de 90°.
c) será sempre menor que 90°.
d) será sempre maior que 180°.
e) pode ser medido projetando-se uma reta sobre a outra.

10) **Não** é um teorema:
a) O quadrado da hipotenusa é igual à soma dos quadrados dos catetos.
b) A soma dos ângulos internos de um triângulo é de 180°.
c) Nos poliedros convexos, vale a relação f + v = a + 2.

d) O plano é infinito.
e) A área de um triângulo pode ser encontrada por $S_\Delta = \dfrac{a \cdot b \cdot \text{sen } C}{2}$.

10.2 Geometria espacial

O mundo tal qual o conhecemos é tridimensional. Todos os dias, ao andarmos nas ruas, visualizamos prédios (prismas), lixeiras (cilindros), bolas (esferas), *containers* (paralelepípedos) e outras formas geométricas.

A partir desse momento, começaremos a tratar da geometria tridimensional. Nossos estudos contemplarão elementos que tenham comprimento, largura e altura.

10.2.1 Nomenclatura

Alguns dos nomes dos elementos de uma figura de três dimensões são diferentes dos nomes dados às figuras planas. Na figura a seguir, temos:

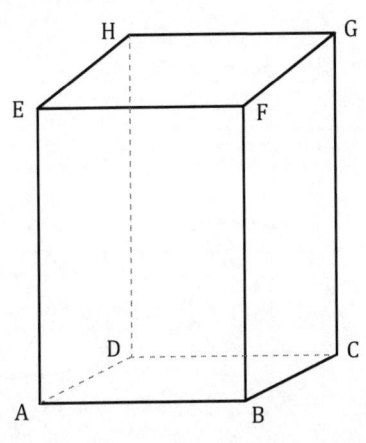

- A, B, C, D, E, F, G e H são os vértices.
- AB, BC, CD, DA, AE, ... são as arestas (nas figuras planas são lados).
- ABCD, ABFE, CDHG, ... são as faces (polígonos que compõem a figura).

10.2.2 Poliedros

A palavra *poliedro* é uma junção entre *poli* (muitos) e *edros* (faces). Portanto, estudaremos figuras com muitas faces, também chamadas de *sólidos geométricos*.

Nos primeiros cálculos que faremos, utilizaremos algumas letras:

- (A) = número de arestas; no caso da figura anterior, A = 12.
- (V) = número de vértices, no caso da figura anterior, V = 8.
- (F) = número de faces, no caso da figura anterior, F = 6.

10.2.3 Relação de Euler

Em todo poliedro convexo, é válida a relação F + V = A + 2. Para verificação, vamos usar os valores do sólido anterior. Assim, 6 + 8 = 12 + 2.

Essa fórmula será utilizada normalmente em conjunto com a próxima: $A = \dfrac{nF}{2}$, ou seja, o número de arestas é dado pela metade do número de lados de cada face $\left(\dfrac{n}{2}\right)$ pelo número de faces (F).

Da figura anterior, temos $12 = \dfrac{4 \cdot 6}{2}$.

Observação

Quando as faces não são todas da mesma forma, a fórmula fica assim:

$$A = \dfrac{3 \cdot F_3 + 4 \cdot F_4 + 5 \cdot F_5 + ... + n \cdot F_n}{2}$$

Ela pode ser explicada da seguinte maneira: cada face triangular tem três lados, então:

- $3F_3$ é três lados vezes o número de faces triangulares.
- $4F_4$ é quatro lados vezes o número de faces quadrangulares.
- $5F_5$ é cinco lados vezes o número de faces pentagonais, e assim por diante.

Vejamos o seguinte sólido:

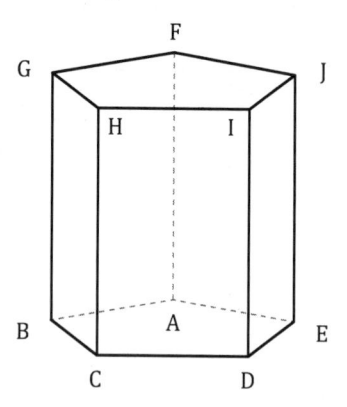

Esse sólido tem duas faces pentagonais e outras cinco quadrangulares.

Assim, $A = \dfrac{5 \cdot 4 + 2 \cdot 5}{2} = 15$, o que pode ser facilmente verificado na figura.

Temos também que $F + V = A + 2$; assim, $7 + 10 = 15 + 2$.

10.2.4 Poliedros regulares (ou Poliedros de Platão)

São chamados *poliedros regulares* aqueles:

- cujas faces são todas iguais (mesmo polígono);
- cujas faces são polígonos regulares (lados e ângulos iguais);
- de cujos vértices parte o mesmo número de arestas.

Temos apenas cinco poliedros regulares:

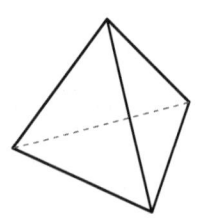

Tetraedro regular   Hexaedro regular (cubo)   Hoctaedro regular   Dodecaedro regular   Icosaedro regular

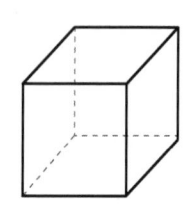

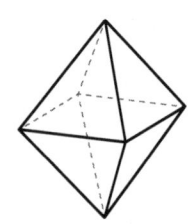

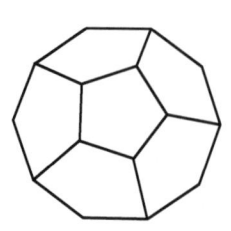

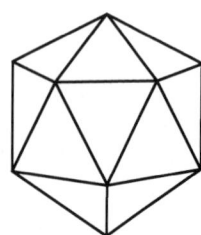

É importante saber preencher a tabela a seguir:

Poliedro	F	V	A	m	n
Tetraedro	4	4	6	3	3
Hexaedro	6	8	12	3	4
Octaedro	8	6	12	4	3
Dodecaedro	12	20	30	3	5
Icosaedro	20	12	30	5	3

Observação

m é o número de arestas que parte de cada vértice do poliedro.

Exercícios

1) Um poliedro é formado por oito faces triangulares. Qual o número de arestas e vértices desse poliedro?
   a) A = 12 e V = 6
   b) A = 6 e V = 12
   c) A = 3 e V = 12
   d) A = 12 e V = 3
   e) A = 8 e V = 6

2) Um poliedro não regular é formado por cinco faces quadrangulares e quatro faces triangulares. A soma do número de arestas com o de vértices é:
   a) 21
   b) 22
   c) 23
   d) 24
   e) 25

3) Sabendo que a soma dos ângulos de todas as faces de um poliedro é dada pela fórmula $Si = (V - 2) \cdot 3\,600$, em que V é o número de vértices do poliedro, qual a Si de um dodecaedro regular?
   a) 7 200°
   b) 6 480°
   c) 6 000°
   d) 5 860°
   e) 5 600°

4) Sabendo que a soma dos ângulos de todas as faces de um poliedro regular é 720°, qual é o poliedro?
   a) Tetraedro.
   b) Hexaedro.
   c) Octaedro.
   d) Dodecaedro.
   e) Icosaedro.

5) Um poliedro é composto apenas por faces triangulares e quadrangulares. Se o número de faces triangulares é o dobro do número de faces quadrangulares, qual é o número de faces e o de arestas, sabendo que esse poliedro tem dez vértices?

a) F = 12 e A = 12
b) F = 20 e A = 12
c) F = 12 e A = 20
d) F = 20 e A = 20
e) F = 20 e A = 18

6) Um poliedro é composto por cinco quadriláteros, cinco triângulos e um pentágono. Quanto vale a soma dos ângulos de todas as faces desse poliedro?
   a) 1 800°
   b) 2 160°
   c) 2 440°
   d) 2 800°
   e) 3 240°

7) Uma pirâmide tem doze vértices. Qual seu número de faces e arestas?
   a) F = A = 12
   b) F = A = 10
   c) F = A = 11
   d) F = 11 e A = 22
   e) F = 22 e A = 11

8) Dos poliedros de Platão, qual é aquele formado por pentágonos?
   a) Tetraedro.
   b) Hexaedro.
   c) Octaedro.
   d) Dodecaedro.
   e) Icosaedro.

9) Qual a soma dos ângulos de todas as faces de um poliedro formado por um hexágono, seis quadrados e seis triângulos?
   a) 55 ângulos retos.
   b) 44 ângulos retos.
   c) 33 ângulos retos.
   d) 22 ângulos retos.
   e) 11 ângulos retos.

10) A soma dos ângulos de todas as faces de um icosaedro vale:
    a) 3 600°
    b) 2 880°
    c) 2 440°
    d) 2 160°
    e) 1 800°

10.3 Geometria analítica

A geometria analítica é a parte da geometria mais próxima da álgebra. A princípio, pode causar uma ruptura no modo de pensar ou de estudar, uma vez que agora as fórmulas são demonstradas, e não mais apenas apresentadas.

No ensino médio, a geometria analítica é apresentada quando da abordagem sobre a forma pela qual se relacionam pontos, retas e circunferências. Ou seja, as figuras geométricas são vistas mediante suas equações e relações.

10.3.1 Plano cartesiano

Como visto no conteúdo de funções, todo ponto do plano pode ser representado a partir de suas coordenadas.

10.3.2 Distância entre dois pontos

Dados dos pontos $A(x_A, y_A)$ e $B(x_B, y_B)$, é possível encontrar sua distância e deduzir sua fórmula a partir do desenho a seguir:

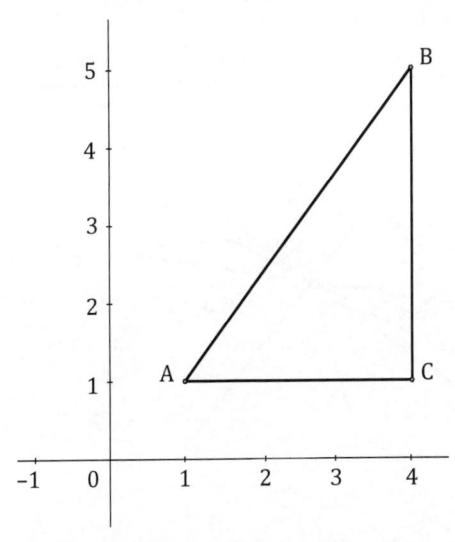

É possível perceber que, quando os dois pontos não estão em uma mesma reta horizontal ou vertical, podemos desenhar um triângulo, como na figura anterior. Dessa maneira, a distância entre AB pode ser encontrada por meio do Teorema de Pitágoras aplicado ao triângulo em questão.

Sendo $A(1, 1)$ e $B(4, 5)$, ou seja, $x_A = 1$, $y_A = 1$, $x_B = 4$ e $y_B = 5$, temos:

$$D_{AB}^2 = (x_b - x_a)^2 + (y_b - y_a)^2$$
$$D_{AB} = \sqrt{(x_b - x_a)^2 + (y_b - y_a)^2}$$

Assim, sabendo as coordenadas dos pontos, podemos calcular a distância entre eles. Assim, na figura anterior temos:

$$D_{AB} = \sqrt{(4-1)^2 + (5-1)^2} = \sqrt{9+16} = \sqrt{25} = 5$$

10.3.3 Ponto médio de um segmento

Para encontrar o ponto médio de um segmento, basta calcular a média de suas abscissas e de suas ordenadas. Assim, o ponto médio do segmento AB de extremidades $A(x_a, y_a)$ e $B(x_b, y_b)$ poderá ser chamado de M e calculado da seguinte forma:

$$M = \left(\frac{x_a + x_b}{2}, \frac{y_a + y_b}{2} \right)$$

10.3.4 Equação geral da reta

Teorema: por dois pontos distintos passa uma única reta.

Dessa maneira, tendo as coordenadas desses dois pontos, é possível encontrar a equação da reta, ou seja, trata-se de uma regra que explica a relação entre todos os pontos nela contidos.

Dados dois pontos $A(x_A, y_A)$ e $B(x_B, y_B)$, a equação geral da reta que passa por AB é encontrada por meio do seguinte determinante:

$$\begin{vmatrix} x & y & 1 \\ x_A & y_A & 1 \\ x_B & y_B & 1 \end{vmatrix} = 0$$

e será da forma $Ax + By + C = 0$.

Ainda quanto à figura anterior, a equação da reta AB pode ser calculada da seguinte maneira:

$$\begin{vmatrix} x & y & 1 \\ 1 & 1 & 1 \\ 4 & 5 & 1 \end{vmatrix} = 0;$$

pela regra de Sarrus, ficará assim:

$$\begin{vmatrix} x & y & 1 \\ 1 & 1 & 1 \\ 4 & 5 & 1 \end{vmatrix} \begin{matrix} x & y \\ 1 & 1 \\ 4 & 5 \end{matrix} =$$

$= x + 4y + 5 - 4 - 5x - y = 0$ e, então, $-4x + 3y + 1 = 0$.

10.3.5 Equação reduzida da reta

É toda equação cuja fórmula geral é $y = mx + n$ (em funções era $y = ax + b$, mesma coisa). Se tivermos a equação geral, basta isolarmos o y. Conhecendo dois pontos da reta, é possível encontrar sua equação reduzida resolvendo um sistema de equações (como em funções) ou utilizando:

- m = coeficiente angular
- $m = \text{tg } \alpha = \dfrac{\text{cateto oposto}}{\text{cateto adjacente}} = \dfrac{y_B + y_A}{x_B - x_A}$
- n = coeficiente linear
- n é a ordenada do ponto em que a reta corta o eixo y

10.3.6 Equação do feixe de retas

Todas as retas que passam por um mesmo ponto se diferenciam apenas pelo coeficiente angular (m). Assim, a equação do feixe de retas é:

$$y - y_0 = m(x - x_0)$$

Em que $P(x_0, y_0)$ é o ponto no qual passa a reta.

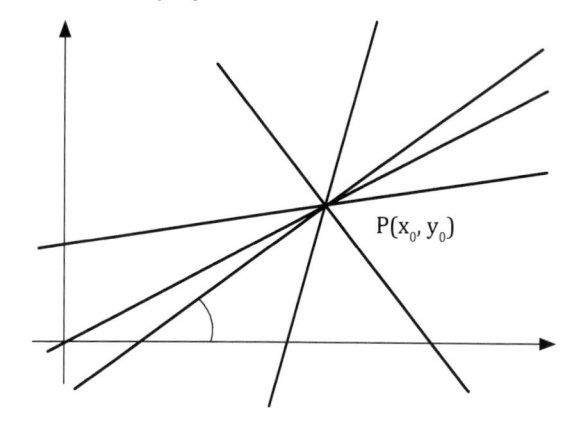

10.3.7 Posições relativas de duas retas em um plano

Se $r: m_r x + n_r$ e $s: m_s x + n_s$, duas retas serão:

- **Paralelas**: se $m_r = m_s$ e $n_r \neq n_s$.
  $y = 5x - 7$ e $y = 5x + 12$ são paralelas.

- **Coincidentes**: se $m_r = m_s$ e $n_r = n_s$.
  $y = 2x + 3$ e $y = 2x + 3$ são coincidentes.
- **Concorrentes**: se $m_r \neq m_s$.
  $y = -2x + 3$ e $y = 5x + 7$ são concorrentes.
- **Perpendiculares**: se $m_r \cdot m_s = -1$.
  $y = 2x - 5$ e $y = \left(-\dfrac{1}{2}\right)x + 13$ são perpendiculares.

Exercícios

1) A distância entre os pontos A(1, 4) e B(4, 8) é:
   a) 17 u.m.
   b) 9 u.m.
   c) 8 u.m.
   d) 6 u.m.
   e) 5 u.m.

Observação
u.m. significa "unidade de medida".

2) Sabendo que A(1, 1), B(-1, 1), C(-1, -1) e D(1, -1) são vértices de um quadrado, quanto mede sua diagonal?
   a) 2 u.c.
   b) $\sqrt{2}$ u.c.
   c) $2\sqrt{2}$ u.c.
   d) $3\sqrt{2}$ u.c.
   e) $4\sqrt{2}$ u.c.

Observação
u.c. significa unidade de comprimento.

3) Dado o segmento AB de extremidades A(-1, 3) e B(5, 1), o ponto médio desse segmento terá coordenadas:
   a) (2, 2)
   b) (-2, 2)
   c) (2, -2)
   d) (-2, -2)
   e) (0, 0)

4) Sendo A(6, -5) e B(-2, 1) os extremos de um diâmetro de circunferência, então o raio dessa circunferência mede:
   a) 10 unidades.
   b) 8 unidades.
   c) 7 unidades.
   d) 6 unidades.
   e) 5 unidades.

5) A reta que passa pelos pontos A(3, 2) e B(1, 4) é:
   a) $x + y + 5 = 0$
   b) $x - y - 5 = 0$
   c) $y = x + 5$
   d) $y = -x + 5$
   e) $x + y = -5$

6) A reta que passa pelo ponto A(−1, −5) e que tem coeficiente angular igual a −2 é:
   a) y = −2x + 7
   b) y = −2x − 7
   c) y = 2x + 7
   d) y = 2x − 7
   e) y = 2x

7) Qual o ponto de intersecção das retas y = −2x + 4 e y = x − 5?
   a) (3, 2)
   b) (3, −2)
   c) (−3, −2)
   d) (−3, 2)
   e) (−2, 3)

8) Qual o ponto de intersecção das retas AB e CD, sendo A(3, 3), B(2, 4), C(1, 2) e D(−3, −6)?
   a) (2, 4)
   b) (1, 2)
   c) (2, 1)
   d) (4, 2)
   e) (2, 2)

9) Uma reta paralela a y = 2x + 3 pode ser:
   a) y = −2x + 3
   b) y = −2x − 3
   c) 2x − y − 5 = 0
   d) 2x + y + 3 = 0
   e) x + y = 2

10) A equação da reta perpendicular a x + 2y − 1 = 0 que passa por A(−2, −1) é:
    a) y = −2x − 3
    b) y = 2x
    c) y = 2x − 3
    d) y = −2x + 3
    e) y = 2x + 3

10.4 Circunferência

A geometria analítica no ensino médio pode ser dividida em duas partes, uma que estuda as retas e outra as formas cônicas – secções feitas em um cone por um plano. Essas secções são parábolas, hipérboles, elipses e, no nosso caso, circunferências.

10.4.1 Equação reduzida da circunferência

Chama-se de *circunferência* o lugar geométrico dos pontos do plano que equidistam de um ponto fixo chamado *centro*.

De forma mais simples, é o conjunto de pontos de um plano que estão a uma distância fixa do centro. Essa distância é chamada de *raio*.

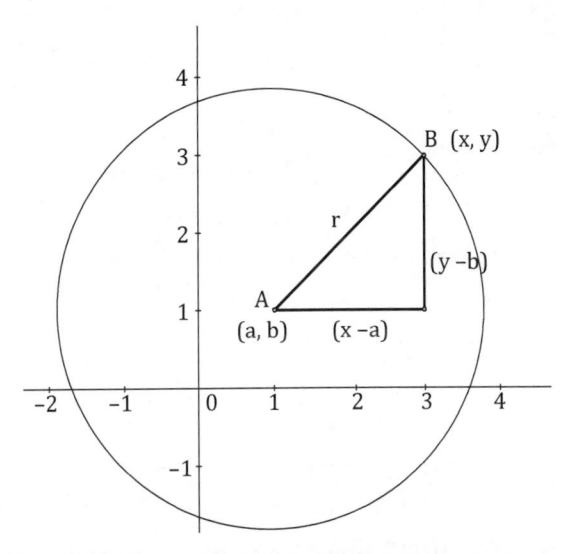

Construindo o triângulo anterior, é possível ver que a distância de A até B é igual ao raio. Assim, $d_{AB} = r$.

Sejam $A(a, b)$ e $B(x, y)$ pontos quaisquer da circunferência, e como os catetos são $x - a$ e $y - b$, é possível calcular a distância AB usando o teorema de Pitágoras. Desse modo:

$$d_{AB}^2 = (x - a)^2 + (y - b)^2$$

Mas como $d_{AB} = r$, então:

$$(x - a)^2 + (y - b)^2 = r^2$$

Em que $C(a, b)$ são as coordenadas do centro da circunferência. Essa é a chamada *equação reduzida da circunferência* de centro (a, b) e raio r.

Dessa maneira, por exemplo, a equação reduzida da circunferência de centro $C(2, -3)$ e raio 2 pode ser escrita como $(x - 2)^2 + (y + 3)^2 = 2^2$, ou melhor, $(x - 2)^2 + (y + 3)^2 = 4$.

10.4.2 Equação geral da circunferência

Se desenvolvermos os produtos notáveis da equação reduzida $(x - a)^2 + (y - b)^2 = r^2$, obteremos:

$x^2 + y^2 - 2ax - 2ay + a^2 + b^2 - r^2 = 0$

Em que o centro é $C(a,b)$ e o raio é r.

Para encontrar centro e raio em uma equação geral, basta comparar os coeficientes com os da equação dada anteriormente. Por exemplo, qual o raio e o centro da circunferência de equação geral seguinte?

$x^2 + y^2 - 6x + 8y + 21 = 0$

Comparemos com:

$x^2 + y^2 - 2ax - 2ay + a^2 + b^2 - r^2 = 0$

Assim:

$-2ax = -6x \rightarrow a = 3$
$-2by = 8y \rightarrow b = -4$

Na equação $a^2 + b^2 - r^2 = 21$, substituímos $3^2 + (-4)^2 - 21 = r^2 \rightarrow r = 2$.

Dessa maneira, temos centro $C(3, -4)$ e raio $r = 2$.

Observação

A área do círculo é dada pela fórmula:

$A = \pi \cdot r^2$

O comprimento da circunferência é dado por:

$C = 2 \cdot \pi \cdot r$

Exercícios

1) A circunferência
   $(x + 2)^2 + (y - 5)^2 = 16$ tem centro em:
   a) $A(2, 5)$
   b) $A(-2, -5)$
   c) $A(-2, 5)$
   d) $A(2, -5)$
   e) $A(-5, 2)$

2) A equação da circunferência de centro $A(-2, 1)$ e raio igual a 3 é:
   a) $(x + 2)^2 + (y + 1)^2 = 3$
   b) $(x + 2)^2 + (y + 1)^2 = 9$
   c) $(x + 2)^2 + (y - 1)^2 = 3$
   d) $(x + 2)^2 + (y - 1)^2 = 9$
   e) $(x - 2)^2 + (y + 1)^2 = 9$

3) Um dos pontos de uma circunferência de centro $C(2, 5)$ é $A(5, 1)$. Qual a equação dessa circunferência?
   a) $(x - 2)^2 + (y - 5)^2 = 9$
   b) $(x - 2)^2 + (y - 5)^2 = 5$
   c) $(x - 2)^2 + (y - 5)^2 = 3$
   d) $(x - 2)^2 + (y - 5)^2 = 4$
   e) $(x - 2)^2 + (y - 5)^2 = 25$

4) Qual a equação da circunferência que tem como extremidades de um diâmetro $A(3, 4)$ e $B(-1, 0)$?
   a) $x^2 + y^2 - 2x - 4y + 32 = 0$
   b) $x^2 + y^2 - 2x - 4y - 32 = 0$
   c) $x^2 + y^2 - 2x + 4y - 32 = 0$
   d) $x^2 + y^2 - 2x - 4y + 27 = 0$
   e) $x^2 + y^2 - 2x - 4y - 27 = 0$

5) O centro e o raio da circunferência $x^2 + y^2 + 4x - 6y + 5 = 0$ são, respectivamente:
   a) $(-2, 3)$ e 2
   b) $(-2, 3)$ e $2\sqrt{2}$
   c) $(-2, 3)$ e $\sqrt{2}$
   d) $(2, -3)$ e 2
   e) $(2, -3)$ e $2\sqrt{2}$

6) As circunferências $x^2 + y^2 = 9$ e $(x - 2)^2 + y^2 = 1$ tem em comum o ponto:
   a) $(3, 0)$
   b) $(0, 3)$
   c) $(0, -3)$
   d) $(-3, 0)$
   e) $(3, -3)$

7) Por três pontos não alinhados passa uma única circunferência. Qual a equação da circunferência que passa pelos pontos $A(0, 0)$, $B(4, 4)$ e $C(4, 0)$?
   a) $(x - 2)^2 + (y - 2)^2 = 1$
   b) $(x - 2)^2 + (y - 2)^2 = 2$
   c) $(x - 2)^2 + (y - 2)^2 = 3$
   d) $(x - 2)^2 + (y - 2)^2 = 4$
   e) $(x - 2)^2 + (y - 2)^2 = 8$

8) Uma circunferência tem centro no ponto C(2, 2) e tangencia os eixos ordenados. Sua equação é:
a) $(x-2)^2 + (y-2)^2 = 2$
b) $(x-2)^2 + (y-2)^2 = 4$
c) $(x+2)^2 + (y-2)^2 = 2$
d) $(x-2)^2 + (y+2)^2 = 2$
e) $(x-2)^2 + (y+2)^2 = 4$

9) A circunferência de equação $(x+3)^2 + (y-4)^2 = 25$ corta os eixos nos pontos (0, 0) e:
a) (0, 8) e (0, –6)
b) (0, –8) e (0, 6)
c) (0, 8) e (–6, 0)
d) (8, 0) e (–6, 0)
e) (0, –8) e (–6, 0)

10) A área do círculo definido pela circunferência $x^2 + y^2 - 2x - 2y + 1 = 0$ é de:
a) π u.a.
b) 2π u.a.
c) 3π u.a.
d) 4π u.a.
e) 5π u.a.

Observação
u.a. significa "unidade de área".

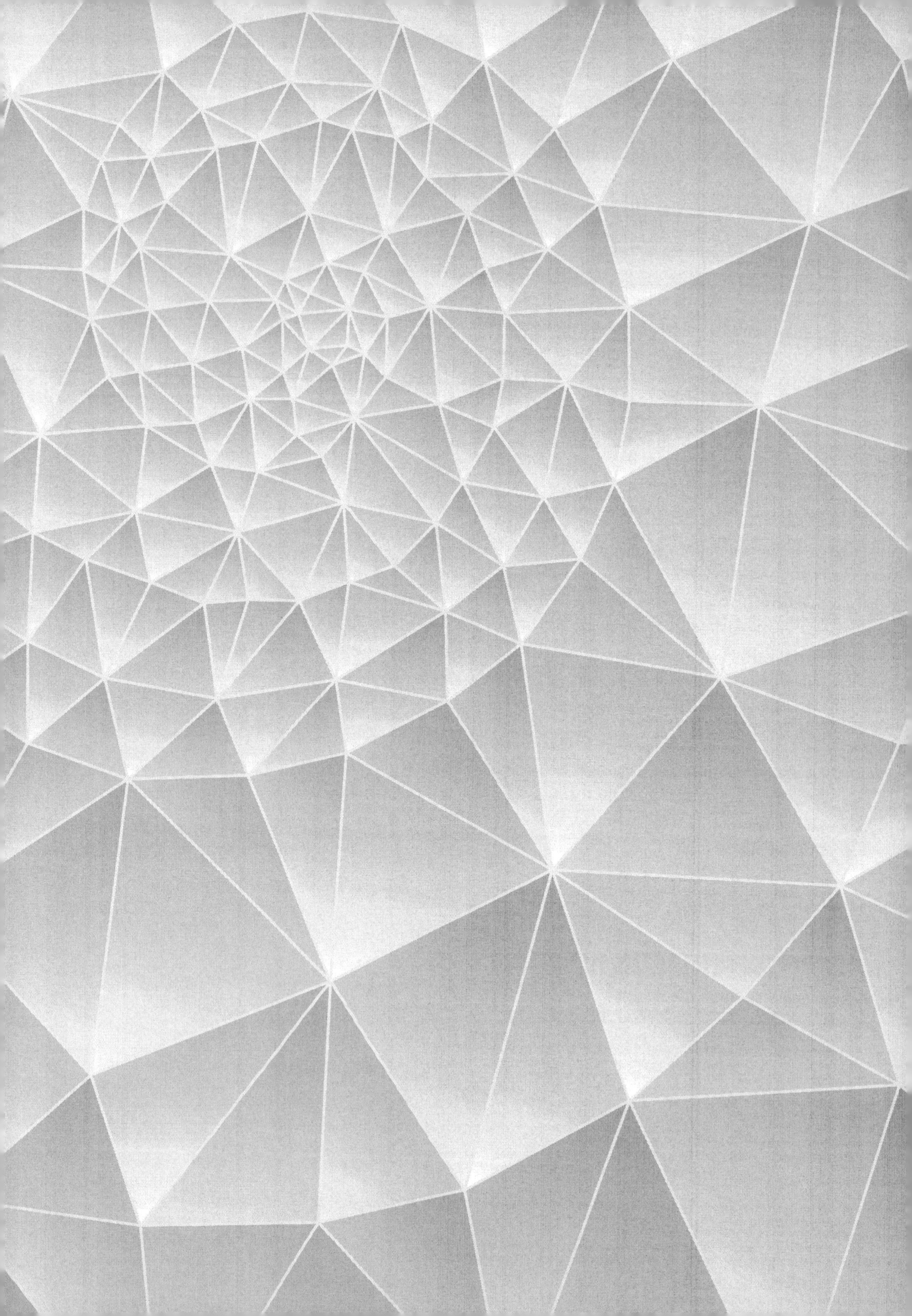

11.1 Conceito de polinômio

Embora seja um conteúdo do 8º ano, os polinômios retornam no final do ensino médio. Neste capítulo, relembraremos operações importantes com polinômios para que possamos evoluir no assunto no próximo capítulo.

Chama-se de *polinômio* a toda expressão do tipo:

$P(x) = a_n x^n + a_{n-1} x^{n-1} + a_{n-2} x^{n-2} + \ldots + a_2 x^2 + a_1 x + a_0$, em que:

- $a_n, a_{n-1}, a_{n-2}, \ldots, a_2, a_1, a_0$ são coeficientes reais.
- $n, n-1, n-2, \ldots$ são os expoentes naturais.
- x é a variável, no nosso caso, um número real.

11.1.1 Grau de um polinômio

O grau de um polinômio é dado pelo monômio de maior grau.

Exemplos

a. $2x^2 + 3x + 1$ é um polinômio de 2º grau.
b. $3x^{10} + 7x^5 - 3x^2$ é de 10º grau.
c. $2x^3 + 4x^4 - x^6$ é de 6º grau.

11.1.2 Valor numérico de um polinômio

Para encontrar o valor numérico de um polinômio, basta substituir o valor desejado no lugar da incógnita.

Exemplos

a. Se $P(x) = 2x^2 + 3x + 1$, então
$P(2) = 2 \cdot (2)^2 + 3 \cdot (2) + 1 = 15$
b. Se $P(x) = 3x^{10} + 7x^5 - 3x^2$, então
$P(0) = 3 \cdot (0)^{10} + 7 \cdot (0)^5 - 3(0)^2 = 0$

Observação

Se $p(x) = 0$, x é chamado de *raiz* ou *zero do polinômio*. Graficamente isso significa que, para esse valor de x, o gráfico do polinômio corta o eixo x, ou seja, $y = 0$. Por exemplo, 2 é raiz de $P(x) = x^2 - 2x$.

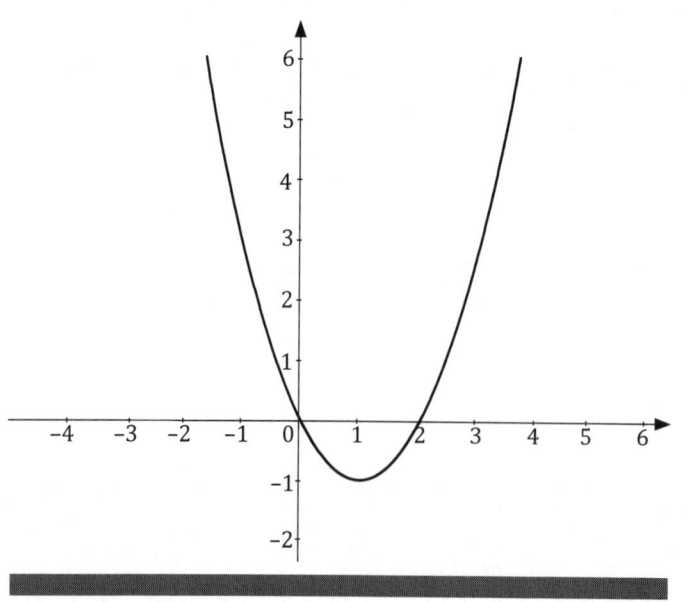

Além disso:
a. Quando o polinômio tem raízes diferentes, dizemos que são raízes **simples**.
b. Quando existem duas raízes iguais, dizemos que são raízes **duplas**.
c. Quando existem três raízes iguais, dizemos que são raízes **triplas**.

11.1.3 Igualdade de polinômios (ou identidade)

Dois polinômios, P(x) e Q(x) são iguais (idênticos) quando para todo x real tenham o mesmo valor numérico. Exemplos:

a. $P(x) = (x + 1)^2$
b. $Q(x) = x^2 + 2x + 1$

Desenvolvendo o binômio anterior, veremos que ambos representam o mesmo polinômio.

Na prática, $P(x) \equiv Q(x)$ se e somente se todos os coeficientes dos termos de mesmos graus forem iguais. Assim, por exemplo, $P(x) = (1 + 1)x^2 + (2 + 3)x \equiv Q(x) = 2^2 + 5x$. Um exemplo prático:

1. Encontre os valores de **m** e **n** para que $Q(x) = (m+n)x^2 + (m-n)x$ e $P(x) = 3x^2 + 1x$ sejam idênticos.

   Solução:

   Se $Q(x) \equiv P(x)$, então $m + n = 3$ e $m - n = 1$. Resolvendo o sistema formado por essas duas equações, encontramos que m = 2 e n = 1.

11.1.4 Operações com polinômios

Adição e subtração de polinômios
Somamos ou subtraímos apenas os monômios semelhantes, isto é, aqueles que têm a mesma parte literal (letras e expoentes). Assim, por exemplo:

a. $(2x^3 - 3x^2 + 4x - 6) + (5x^2 + 2x - 6) =$
   $= 2x^3 + 2x^2 + 6x - 12$
b. $(3x^3 + 3x^2 - x - 1) - (x^4 + 2x^2 - 5) =$
   $= -x^4 + 3x^3 = x^2 - x + 4$

Produto de polinômios
Utilizamos a propriedade distributiva, ou seja, multiplicamos todos os termos do primeiro por todos os termos do segundo polinômio. Lembre-se de que, quando multiplicamos potências de mesma base, os expoentes serão somados. É o que acontecerá com a parte literal:

a. $(2x^3 - 5x + 1) \cdot (3x + 4) =$
   $= 6x^4 + 8x^3 - 15x^2 - 20x + 3x + 4 =$
   $= 6x^4 + 8x^3 - 15x^2 - 17x + 4$
b. $(2x^2 + 3x) \cdot (x + 2) = 2x^3 + 4x^2 + 3x^2 + 6x =$
   $= 2x^3 + 7x^2 + 6x$

Discutiremos a divisão de polinômios na sequência.

Exercícios

1) Sendo $P(x) = x^3 - 3x^2 + 6x - 1$, então $P(1)$ vale:
   a) 1
   b) 2
   c) 3
   d) 4
   e) 5

2) As raízes do polinômio $P(x) = (x - 1) \cdot (x + 2)$ são:
   a) 1 e 2
   b) –1 e 2
   c) –1 e –2
   d) 1 e –2
   e) 2 e –2

   Dicas:

   ▪ para encontrar as raízes, basta igualar o polinômio a zero e resolver a equação.
   ▪ no exercício 2, não é necessário fazer a multiplicação antes de encontrar as raízes, basta igualar cada fator a zero isoladamente.

3) Sabendo que os polinômios
   $P(x) = (m + n)x^2 + x + 5$ e
   $Q(x) = 3x^2 + (m - n)x + 5$ são idênticos, os valores de **m** e **n** são:
   a) m = n = 1
   b) m = n = 2
   c) m = 1 e n = 2
   d) m = 2 e n = 1
   e) m = –1 e n = 2

4) Em um polinômio do primeiro grau, $P(1) = 5$ e $P(2) = 8$. Encontre esse polinômio:
   a) $P(x) = x + 3$
   b) $P(x) = 3x + 1$
   c) $P(x) = 2x - 3$
   d) $P(x) = 2x + 3$
   e) $P(x) = 3x + 2$

5) Qual o polinômio de segundo grau em que $P(0) = 6$, $P(2) = 0$ e $P(1) = 2$?
   a) $P(x) = x^2 - 5x + 6$
   b) $P(x) = x^2 + 5x + 6$
   c) $P(x) = x^2 - 5x - 6$
   d) $P(x) = -x^2 + 6$
   e) $P(x) = x^2 + 5x - 6$

6) Quais os valores de **m** e **n** para que o polinômio $P(x) = (n - 2)x^2 - (m + 3)x - 2$ seja de primeiro grau?
   a) m = 3 e n = 2
   b) m ≠ –3 e n = 2
   c) m ≠ –3 e n ≠ 2
   d) m ≠ 3 e n = 2
   e) m = n = 2

7) Dois polinômios, P(x) e Q(x), são, nessa ordem, de 50 e 60 graus. Dessa maneira, é possível concluir que seu produto será do:
   a) 1° grau.
   b) 11° grau.
   c) 30° grau.
   d) 31° grau.
   e) 35° grau.

8) Se dois polinômios são de terceiro e quarto graus, a diferença entre eles será de:
   a) 1° grau.
   b) 2° grau.
   c) 4° grau.
   d) 7° grau.
   e) 12° grau.

9) O produto $(2x^2 + 5x) \cdot (x - 3) = ax^3 + bx^2 + cx + d$. Dessa maneira, podemos dizer que:
   a) a + b = 2
   b) c + d = 5
   c) c = 0
   d) a + c = 3
   e) a + b = 1

10) Sobre o polinômio $P(x) = (x - 1) 3 \cdot (x - 2) 4 \cdot (x - 3) 2 \cdot (x - 4)$, é correto afirmar que:
    a) é de décimo grau.
    b) 1 é raiz dupla.
    c) –2 é raiz quádrupla.
    d) 3 não é raiz dupla.
    e) 4 não é raiz.

11.2 Divisão de polinômios

A mais importante operação com polinômios ganha papel especial porque serve para auxiliar na resolução de equações de grau superior ou igual a três. Nesse capítulo, veremos os vários métodos para obtenção do quociente e do resto da divisão de dois polinômios.

11.2.1 Método da chave

Para aprender a dividir dois polinômios pelo método da chave, precisamos aprender a dividir números pela divisão completa. Muitos não devem ter aprendido a divisão de números dessa maneira, uma vez que isso era comum nos anos de 1980 e 1990 do século passado.

$$
\begin{array}{r|l}
3x^4 + 5x^3 + 3x^2 - 2x + 1 & \,x - 2x + 1 \\
-3x^4 + 6x^3 - 3x^2 & \overline{3x^2 + 11x + 22} \\
\hline
11x^3 + 0x^2 - 2x + 1 & \\
-11x^3 + 22x^2 - 11x & \\
\hline
22x^2 - 13x + 1 & \\
-22x^2 + 44x - 22 & \\
\hline
31x - 21 &
\end{array}
$$

11.2.2 Método de Descartes

Quando dividimos um polinômio P(x) por outro D(X), obtemos o quociente Q(x) e o resto R(x). Dessa maneira, $P(x) \equiv Q(x) \cdot D(x) + R(x)$. Por meio da identidade de polinômios, encontramos o quociente e o resto. Do exemplo anterior:

$3x^4 + 5x^3 + 3x^2 - 2x + 1 : x^2 - 2x + 1$, então:

$(3x^4 + 5x^3 + 3x^2 - 2x + 1) = (x^2 - 2x + 1)(ax^2 + bx + c) + dx + e$

$(3x^4 + 5x^3 + 3x^2 - 2x + 1) = ax^4 + bx^3 + cx^2 - 2ax^3 - 2bx^2 - 2cx + ax^2 + bx + c + dx + e$

$$\begin{cases} a = 3 \\ b - 2a = 5 \rightarrow b = 11 \\ c - 2b + a = 3 \rightarrow c = 22 \\ -2c + b + d = -2 \rightarrow d = 31 \\ c + e = 1 \rightarrow e = -21 \end{cases}$$

11.2.3 Teorema do resto

Serve para encontrar o resto da divisão entre dois polinômios. O único problema é que só pode ser utilizado quando o divisor é de primeiro grau.

$D(X) = d(x) \cdot Q(x) + R(x)$ (prova real), em que:

- D(x) é o dividendo;
- d(x) é o divisor;
- Q(x) é o quociente;
- R(x) é o resto.

Se d(x) for do primeiro grau, então:

$D(x) = (ax + b) \cdot Q(x) + R(x)$

Se tomarmos a raiz do divisor, ou seja, $x = -\dfrac{b}{a}$, calculado D(X), temos:

$$D\left(-\frac{b}{a}\right) = \left[a\left(-\frac{b}{a}\right) + b\right] \cdot Q\left(-\frac{b}{a}\right) + R\left(-\frac{b}{a}\right).$$

Simplificando, temos:

$D\left(-\dfrac{b}{a}\right) = R\left(-\dfrac{b}{a}\right)$, ou seja, para calcular o resto da divisão, basta substituirmos, no lugar do *x* do dividendo, a raiz do divisor.

Exemplos

- Encontre o resto da divisão de:
    a. $2x^2 - 5x + 6$ por $x - 1$
    b. $5x^3 - 4x^2 + 12x - 8$ por $x + 2$

Solução:

a. A raiz do divisor é 1, então, basta substituir 1 no dividendo; assim,

$2 \cdot (1)^2 - 5 \cdot (1) + 6 = 2 - 5 + 6 = 3$ é o resto da divisão.

b. A raiz do divisor é –2, portanto, para calcular o resto, fazemos:
$5 \cdot (-2)^3 - 4 \cdot (-2)^2 + 12 \cdot (-2) - 8 =$
$= 5 \cdot (-8) - 4 \cdot (4) - 24 - 8 =$
$= -40 + 16 - 24 - 8 = -56$

11.2.4 Briot-Ruffini

Serve para calcular o quociente e o resto de uma divisão quando o divisor é de primeiro grau e do tipo x + b (repare que o coeficiente de *x* é 1). Por exemplo:

a. Encontre o resto e o quociente da divisão de $2x^2 - 5x + 6$ por x – 1 (já encontramos o resto no exemplo anterior):

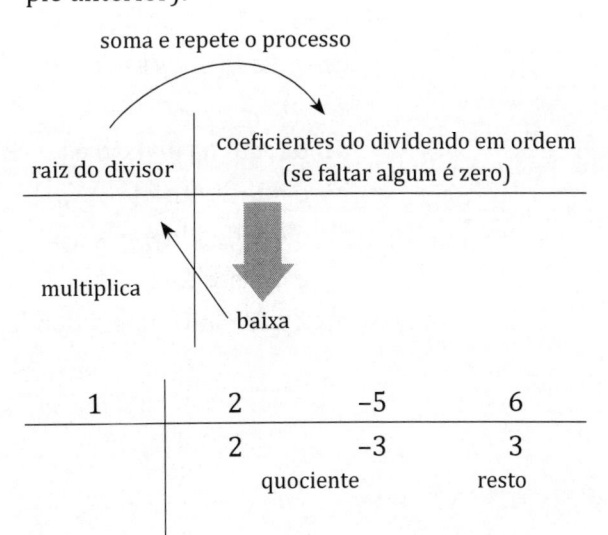

```
                soma e repete o processo
                ⌒⎯⎯⎯⎯⎯⎯⎯⎯⎯⎯⎯→
                   coeficientes do dividendo em ordem
  raiz do divisor   (se faltar algum é zero)
                     ⬇
  multiplica        baixa
        1  |   2       -5        6
           |   2       -3        3
               quociente       resto
```

Assim, o quociente será 2x – 3 e o resto será 3.

Pode ser utilizado para rebaixamento de ordem.

Exercícios

1) Qual o resto de divisão de $P(x) = x^{100} - 1$ por x – 1?
   a) 1 000 000
   b) 1 000
   c) 100
   d) 1
   e) 0

2) Dividindo $P(x) = 5x^4 + 4x^3 + 3x^2 + 2x + 1$ por x – 1, obteremos para resto:
   a) 15
   b) 20
   c) 25
   d) 30
   e) 35

3) O quociente da divisão de $P(x) = 4x^3 - 6x^2 + 2x - 1$ por $Q(x) = 2x^2 - 2x$ é:
   a) 2x + 1
   b) 2x – 1
   c) x – 2
   d) 2x – 2
   e) x – 1

4) O resto da divisão de P(x) = $x^3 - 3x^2 + 3x - 1$ por Q(x) = x + 1 é:
a) 0
b) −1
c) −2
d) −4
e) −8

5) O quociente da divisão anterior é:
a) $x^2 - 7x + 4$
b) $x^2 - 4x - 7$
c) $x^2 - 4x + 7$
d) $x^2 - 7x - 4$
e) $x^2 + 4x - 7$

6) Sabendo que 1 é raiz do polinômio $x^3 - 6x^2 + 11x - 6$, as outras duas raízes são:
a) −1 e 0
b) 0 e 1
c) 1 e 2
d) 1 e 3
e) 2 e 3

7) Ao dividirmos o polinômio $3x^3 - 4x^2 + 2x - 6$ por D(X), encontramos o quociente 3x + 2 e o resto 3x − 8. Então, o divisor é:
a) $x^2 - 2x - 1$
b) $x^2 - x - 2$
c) $x^2 - x + 2$
d) $x^2 - 2x + 1$
e) $x^2 + x - 2$

8) Sabendo que P(x) = $(x + 1)^3 \cdot (x - 1)^2$, então o resto da divisão de P(x) por (x − 3) é:
a) 256
b) 128
c) 64
d) 16
e) 4

9) Dos valores seguintes, apenas um **não** é raiz do polinômio P(x) = $x^4 - 10x^3 + 35x^2 - 50x + 24$. Qual é esse valor?
a) 1
b) 2
c) 3
d) 4
e) 5

10) Sendo P(x) = (x − 1) · (x − 2) · (x − 3) e Q(x) = (x − 1) · (x − 3), então:
a) o resto da divisão é (x − 2).
b) o quociente é (x − 2).
c) o dividendo é (x − 2).
d) o divisor é (x − 2).
e) 2 não é raiz do dividendo.

12.1 Juros simples e compostos

A matemática financeira é certamente uma das matérias com maior aplicação na vida cotidiana. Basta parar um pouco para olhar uma vitrine, uma propaganda de televisão, um jornal ou um tabloide e encontraremos as palavras *juros*, *desconto*, *acréscimo* ou o símbolo %. É muito importante, então, que você saiba o que significa cada uma dessas palavras e como operar com esse conteúdo.

12.1.1 Porcentagem

Chama-se de *porcentagem* ou *percentagem* uma razão (fração) cujo denominador é 100. Exercícios de porcentagem podem ser resolvidos por meio de regras de três diretas e simples, porém isso não é necessário. Por exemplo, quando se solicita calcular uma porcentagem de um dado valor, basta que procedamos à multiplicação da porcentagem pelo valor:

20% de 100 é $\frac{20}{100} \cdot 100$, 35% de 80 é $\frac{35}{100} \cdot 80$, e 12,5% de 430 é $\frac{12,5}{100} \cdot 430$

12.1.2 Descontos

Para facilitar muitos exercícios de porcentagem, diminuindo os cálculos e auxiliando em equações, devemos escrever descontos e acréscimos como porcentagens de um todo.

O valor principal é **sempre** 100%.

Assim, se vamos ter um desconto de 20%, pagaremos apenas 100% − 20% = 80%, ou 0,80 em decimais.

Dessa maneira, descontos de 40% significam que pagaremos 0,60 do valor inicial. Abatimentos de 28% implicam que teremos de pagar 0,72 do valor devido.

> **Observação**
> Descontos percentuais sempre serão escritos em números decimais como valores entre 0 e 1.

Exemplos

a. Certa mercadoria custa R$ 80,00 e tem um desconto de 25% para pagamento em dinheiro. Qual o valor para pagamento em dinheiro?
0,75 · 80 = R$ 60,00

b. Por não apresentar um trabalho, um aluno perderá 20% da nota da última prova. Sabendo que tirou 6 nessa prova, qual a nova nota?
0,80 · 6 = 4,8, que é a nova nota.

12.1.3 Acréscimos

Se descontos podem ser escritos como (100% − desconto), acréscimos podem ser escritos como (100% + acréscimo).

Assim, se tivermos um aumento de 20% em algum bem, pagaremos 100% + 20% desse bem, ou 1,20 dele.

Desse modo, acréscimos de 45% serão escritos como 1,45 do valor inicial. Também, aumentos de 70% escrevem-se como 1,70 do valor anterior.

Exemplos

a. Certa conta de R$ 28,00 teve 20% de acréscimo, qual o novo valor?
$1,20 \cdot 28 = R\$ 33,60$
b. Após 1 mês, uma aplicação de R$ 200,00 rendeu 15% de juros. Qual o montante?
$1,15 \cdot 200 = R\$ 230,00$

12.1.4 Juros

Chama-se de *juros* o valor pago pela remuneração de um dinheiro emprestado. Por exemplo, quando você vai comprar algum bem de consumo, se não estiver pagando à vista, a loja te empresta o dinheiro e depois cobra por esse empréstimo. Quando você deposita algum dinheiro na poupança, o banco usa seu dinheiro em várias operações e depois credita a você juros pelo dinheiro que você emprestou.

12.1.5 Juros simples

Esse conteúdo é aprendido na escola nos primeiros anos do ensino fundamental. Não são muito utilizados, pois os juros cobrados pelo mercado são compostos (veremos a seguir). Juros simples são calculados simplesmente multiplicando a taxa de juros pelo tempo.

Exemplo

Se determinada aplicação paga 5% de juros ao mês, em se tratando de juros simples, teríamos 10% em dois meses, 15% em três e assim sucessivamente.
Fórmula de juros simples:

$$J = \frac{C \cdot i \cdot t}{100}$$

Em que:

- J = juros (pagamento pelo empréstimo do dinheiro);
- i = taxa de juros (sobre 100 por causa da porcentagem);
- t = tempo;
- C = capital (o valor que será aplicado ou emprestado).

> **Observação**
>
> A taxa e o tempo devem estar na mesma unidade. Por exemplo, se a taxa é de 10% ao ano, o tempo deve ser dado em anos, se não for, deverá ser transformado.
>
> Por exemplo, calcule os juros simples que renderão um capital de R$ 2 000,00 aplicado durante 1 ano à taxa de 10% ao mês. Assim, transformamos 1 ano em doze meses para estar na mesma unidade de tempo da taxa.
>
> Desse modo:
>
> $$J = \frac{C \cdot i \cdot t}{100} = \frac{2\,000 \cdot 10 \cdot 12}{100} = 20 \cdot 10 \cdot 12 = 2\,400$$

12.1.6 Juros compostos

É o tipo de juros utilizados pelo mercado. Bancos, financeiras e lojas trabalham apenas com juros compostos. Por exemplo: Quando você compra algo no cartão de crédito, é possível que pague apenas o mínimo (rotativo), algo entre 10% a 20%. Se no mês seguinte você não pagar o total, os juros que pagará incidirão sobre o total devido, ou seja, o que você comprou e mais os juros anteriores. Desse modo, dizemos que estamos pagando juros sobre juros e, assim, chegamos a juros compostos.

Fórmula de juros compostos

$$M = C \cdot (1 + i)^t$$

Em que: **J, C, t** e **i** são os mesmos termos dos juros simples, a única diferença é que a taxa agora deve ser dividida por 100 e substituída na fórmula como número decimal.

> **Observação**
>
> O montante (M) é igual ao Capital (C) somado aos Juros (J), ou seja, M = C + J.

Nos exercícios deste capítulo, quando necessário, você poderá utilizar uma calculadora.

Exercícios

1) Certo bem, após dois aumentos sucessivos de 20% e 30%, teve seu valor aumentado em qual porcentagem?
   a) 25%
   b) 30%
   c) 50%
   d) 56%
   e) 60%

2) Após um aumento de 30% nos seus produtos, um comerciante percebeu que seus clientes não estavam mais comprando com tanta frequência. Resolveu, então, dar um desconto de 30%, achando que assim os preços retornariam ao valor antigo. O novo valor é:

a) igual ao anterior.
b) 30% mais caro do que o anterior.
c) 30% mais barato do que o anterior.
d) 9% mais barato do que o anterior.
e) 9% mais caro do que o anterior.

3) Após dois descontos sucessivos de 20%, uma mercadoria custava ao cliente R$ 160,00. Qual o valor desse produto antes dos descontos?
a) R$ 250,00
b) R$ 200,00
c) R$ 180,00
d) R$ 300,00
e) R$ 225,00

4) Os lados de um quadrado foram aumentados em 20%. Em quantos % aumentou sua área?
DICA: a área de um quadrado é igual ao seu lado elevado ao quadrado.
a) 40%
b) 44%
c) 80%
d) 88%
e) 400%

5) Após um aumento de R$ 20,00, um produto acabou ficando 25% mais caro. Qual seu valor anterior?
a) R$ 100,00
b) R$ 90,00
c) R$ 80,00
d) R$ 70,00
e) R$ 60,00

6) O capital necessário para render R$ 500,00 de juros simples após 5 meses com taxa de 4% ao mês é:
a) R$ 500,00
b) R$ 1 000,00
c) R$ 1 500,00
d) R$ 2 000,00
e) R$ 2 500,00

7) Durante quanto tempo devemos aplicar um capital a juros simples de 20% ao mês para que ele triplique?
a) 10 meses.
b) 12 meses.
c) 15 meses.
d) 20 meses.
e) 36 meses.

8) Qual o valor dos juros compostos obtidos pela aplicação de R$ 2 000,00 a taxa de 10% ao mês, durante 3 meses?
DICA: Montante = Capital + Juros.
a) R$ 662,00
b) R$ 1 662,00
c) R$ 2 662,00
d) R$ 3 662,00
e) R$ 6 662,00

9) Qual é aproximadamente o montante obtido quando aplicamos R$ 1 000,00 na

poupança, a juros compostos de 0,5% ao mês, durante um ano?
DICA: use uma calculadora.
a) R$ 61,67
b) R$ 661,67
c) R$ 961,67
d) R$ 1 061,67
e) R$ 2 061,67

10) Sabendo que 1,1⁴ = 1,4641, calcule o montante obtido após a aplicação de R$ 1 250,00 e taxa de 10% ao ano em 48 meses.
a) R$ 83,01
b) R$ 830,12
c) R$ 1 830,12
d) R$ 1 930,12
e) R$ 2 030,12

Neste capítulo, em vez de repetir todo o formulário das aulas anteriores e alguns exercícios, decidimos oferecer uma lista de perguntas que servem para fazer um balanço de seu aprendizado.

Responda às perguntas sem consultar o material. Quanto mais você souber, mais preparado estará. Caso não se lembre de uma ou mais respostas, releia o conteúdo mais tarde até compreendê-lo bem.

Capítulo 7 – Matrizes e determinantes

7.1 Matrizes

1) Qual o formato e a ordem de uma matriz?
2) Como encontrar uma matriz por meio de sua lei de formação?
3) Como fazer adição, subtração e igualdade de matrizes?
4) Quando e como multiplicar matrizes?

7.2 Matriz inversa

1) Como se encontra a inversa?
2) Quando ela não existe?
3) É necessário recordar sistemas?
4) Existem outros métodos para calcular a inversa sem usar sistemas?

7.3 Determinantes

1) Como calcular determinantes de segunda e terceira ordens?
2) Como saber se existe a matriz inversa a partir de determinantes?

7.4 Teorema de Laplace

1) O que é menor determinante?
2) O que é cofator?
3) Como se usa Laplace?

7.5 Sistemas lineares

1) Quais são os métodos de resoluções de sistemas?
2) Como resolver sistemas com base em determinantes?
3) Como e quando usar o método de Cramer?
4) O que é D, D_x, D_y ... ?

Capítulo 8 – Relações métricas nos triângulos

8.1 Triângulos retângulos

1) Qual a soma dos ângulos internos de um triângulo?

2) Como é o teorema de Pitágoras?

8.2 Trigonometria no triângulo retângulo

1) O que é seno, cosseno e tangente?

2) Quais são os ângulos notáveis?

8.3 Triângulos quaisquer

1) O que é e como se utiliza a lei dos senos?

2) O que é e como se utiliza a lei dos cossenos?

3) Como calcular a área de um triângulo com lados e ângulo?

Capítulo 9 – Ciclo trigonométrico e funções trigonométricas

9.1 Ciclo trigonométrico

1) O que é arco e o que é ângulo?

2) Como se medem arco e ângulos?

3) Como se convertem graus em radianos e radianos em graus?

4) O que é MDP?

9.2 Funções trigonométricas

1) Como esboçar os gráficos de seno e cosseno?

2) Quais as imagens e os períodos dessas funções?

3) Para que servem os parâmetros nas fórmulas?

4) Como calcular seno, cosseno e tangente de qualquer ângulo?

Capítulo 10 – Geometria

10.1 Geometria de posição e métrica

1) O que são entes primitivos, postulados e teoremas?

2) Quais as posições relativas entre retas e planos?

3) Como se definem uma reta e um plano?

10.2 Geometria espacial

1) O que são arestas, faces e vértices?

2) Qual a relação entre eles?

3) Como calcular a soma dos ângulos internos de um poliedro?

4) Quais os poliedros de Platão?

10.3 Geometria analítica

1) Como calcular a distância entre pontos?

2) Como encontrar o ponto médio de um segmento?

3) Como obter equações de retas por dois pontos dados?

4) Quais as posições de duas retas e suas equações?

10.4 Circunferência

1) Como encontrar centro e raio em uma equação?

2) Como relacionar equações gerais e reduzidas?

Capítulo 11 – Polinômios

11.1 Conceito de polinômio

1) Como somar/subtrair polinômios?

2) Como multiplicá-los e igualá-los?

3) Como encontrar o valor numérico?

4) O que é raiz de um polinômio?

11.2 Divisão de polinômios

1) O que é e como utilizar o método da chave?

2) O que é e como utilizar o teorema do resto?

3) Como utilizar Briot-Ruffini?

4) Como utilizar o método de Descartes?

Capítulo 12 – Juros

12.1 Juros simples e compostos

1) Qual a diferença entre juros simples e compostos?

2) O que são montante, capital e juros?

3) Taxa e tempo devem estar na mesma unidade de tempo?

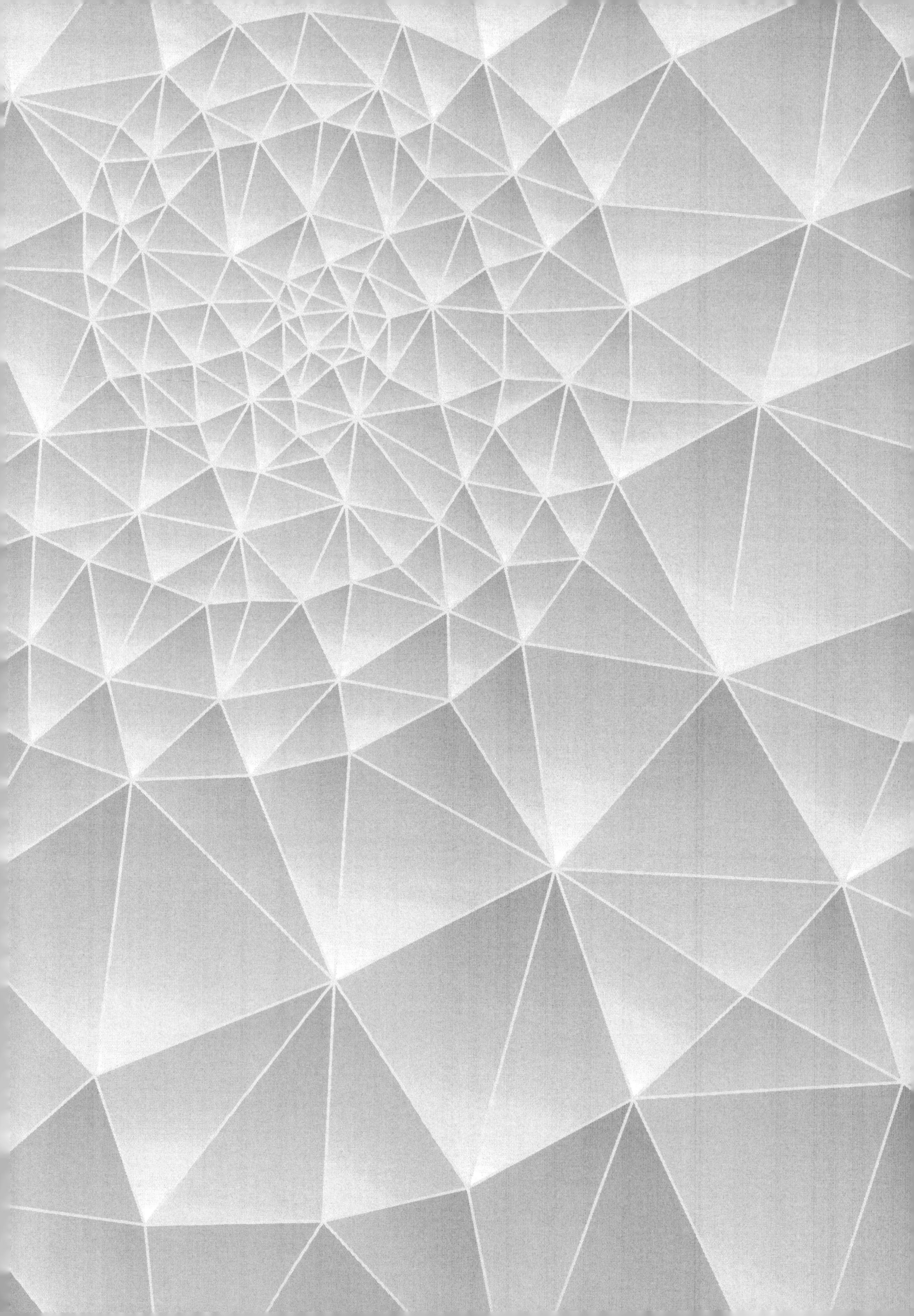

Referências

IEZZI, G. et al. **Fundamentos da matemática elementar**. São Paulo: Atual, 1985. v. 7.

LIMA, E. L. et al. **A matemática do ensino médio**. Rio de Janeiro: SBM, 1996.

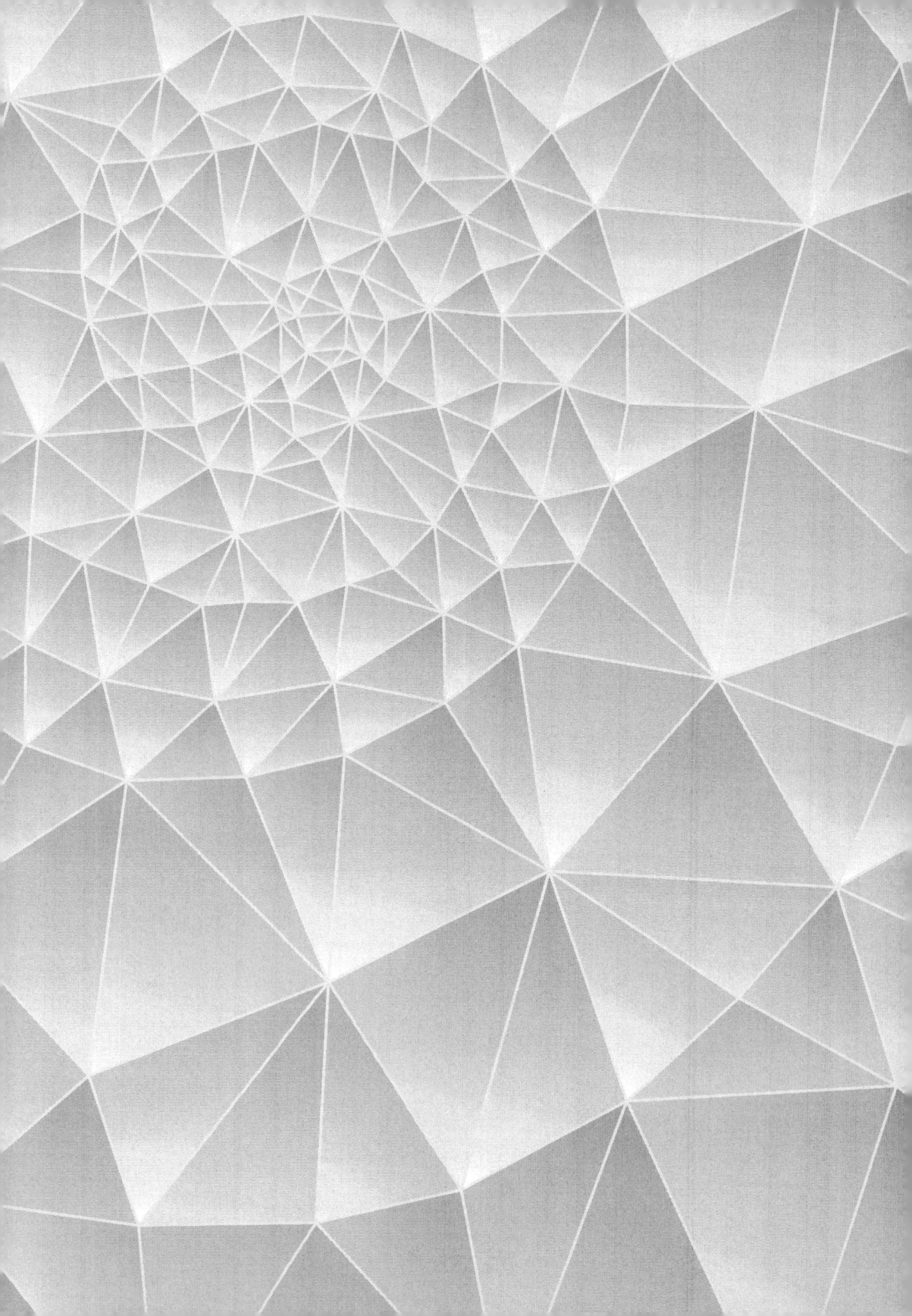

Respostas

Parte I

Capítulo 1

1.1 Conjuntos
1. c
2. b
3. c
4. a
5. d
6. e
7. F, F, V, V, V, V
8. V, F, V, V, F, V
9. e
10. a

1.2 Conjuntos numéricos
1. d
2. a
3. a
4. b
5. e
6. d
7. e
8. c
9. b
10. e

1.3 Operações e expressões
1. a
2. e
3. a
4. c
5. b
6. d
7. d
8. e
9. b
10. a

Capítulo 2

2.1 Teoria de funções
1. d
2. a
3. d
4. d
5. b
6. d
7. a
8. e
9. c
10. e

2.2 Tipos de função
1. P, I, P, N, I
2. P, I, P, I, I, P
3. C, D, D, C, N, N
4. b
5. d
6. e
7. c
8. c
9. c
10. e

2.3 Classificação das funções
1. a
2. b
3. c
4. e
5. b
6. d
7. c
8. d
9. e
10. a

Capítulo 3

3.1 Equações de primeiro grau
1. a
2. e
3. c
4. b
5. b
6. d
7. a
8. e
9. d
10. c

3.2 Funções de primeiro grau
1. c
2. e
3. b
4. a
5. D, C, C, D
6. d
7. d
8. a
9. b
10. e

3.3 Equações do segundo grau
1. e
2. b
3. a
4. c
5. d
6. a
7. c
8. d
9. e
10. b

3.4 Funções do segundo grau
1. e
2. B, B, C, B, C

3. M, M, O, M, O
4. a
5. d
6. c
7. c
8. b
9. d
10. d

Capítulo 4

4.1 Progressões aritméticas
1. d
2. a
3. e
4. e
5. b
6. d
7. c
8. b
9. a
10. c

4.2 Progressões geométricas
1. e
2. c
3. b
4. d
5. a
6. c
7. c
8. d
9. a
10. e

Capítulo 5

5.1 Potenciação
1. d
2. b
3. d
4. d
5. d
6. a
7. c
8. b
9. b
10. e

5.2 Equações exponenciais
1. d
2. a
3. b
4. e
5. a
6. d
7. d
8. d
9. c
10. c

5.3 Funções exponenciais
1. e
2. c
3. a
4. b
5. d
6. e
7. d
8. e
9. c
10. c

5.4 Propriedades da radiciação
1. a
2. c
3. e
4. a
5. e
6. e
7. b
8. a
9. e
10. a

5.5 Produtos notáveis
1. e
2. c
3. b
4. a
5. d
6. e
7. a
8. b
9. e
10. a

Parte II

Capítulo 7

7.1 Matrizes
1. a
2. d
3. c
4. b
5. c
6. b
7. e
8. e
9. c
10. d

7.2 Matriz inversa
1. d
2. c
3. e
4. d
5. a
6. b
7. b
8. a
9. c
10. d

7.3 Determinantes
1. c
2. d
3. a
4. e
5. e
6. b
7. c
8. c
9. a
10. a

7.4 Teorema de Laplace
1. c
2. e
3. d
4. a
5. e
6. b
7. b
8. a
9. b
10. e

7.5 Sistemas lineares
1. c
2. a
3. d
4. d
5. b
6. e
7. e
8. b
9. d
10. d

Capítulo 8

8.1 Triângulos retângulos
1. b
2. a
3. d
4. c
5. e
6. b
7. a
8. c
9. d
10. e

8.2 Trigonometria no triângulo retângulo
1. a
2. a
3. c
4. a
5. d
6. a
7. d
8. e
9. c
10. b

8.3 Triângulos quaisquer
1. d
2. b
3. e
4. c
5. c
6. a
7. d
8. b
9. e
10. a

Capítulo 9

9.1 Ciclo trigonométrico
1. d
2. a
3. c
4. a
5. d
6. a
7. c
8. e
9. e
10. b

9.2 Funções trigonométricas
1. c
2. e
3. a
4. d
5. b
6. d
7. b
8. a
9. d
10. a

Capítulo 10

10.1 Geometria de posição e métrica
1. c
2. b
3. e
4. d
5. c
6. e
7. b
8. b
9. e
10. d

10.2 Geometria espacial
1. a
2. e
3. b
4. a
5. c
6. e
7. d
8. d
9. b
10. a

10.3 Geometria analítica
1. e
2. c
3. a
4. e
5. d
6. b
7. b
8. a
9. c
10. e

10.4 Circunferência
1. c
2. d
3. e
4. e
5. b
6. a
7. d
8. b
9. c
10. a

Capítulo 11

11.1 Conceito de polinômio
1. c
2. d
3. d
4. e
5. a
6. b
7. b
8. c
9. e
10. a

11.2 Divisão de polinômios
1. e
2. a
3. b
4. e
5. c
6. e
7. d
8. a
9. e
10. b

Capítulo 12

12.1 Juros simples e compostos
1. d
2. d
3. a
4. b
5. c
6. e
7. a
8. b
9. d
10. c

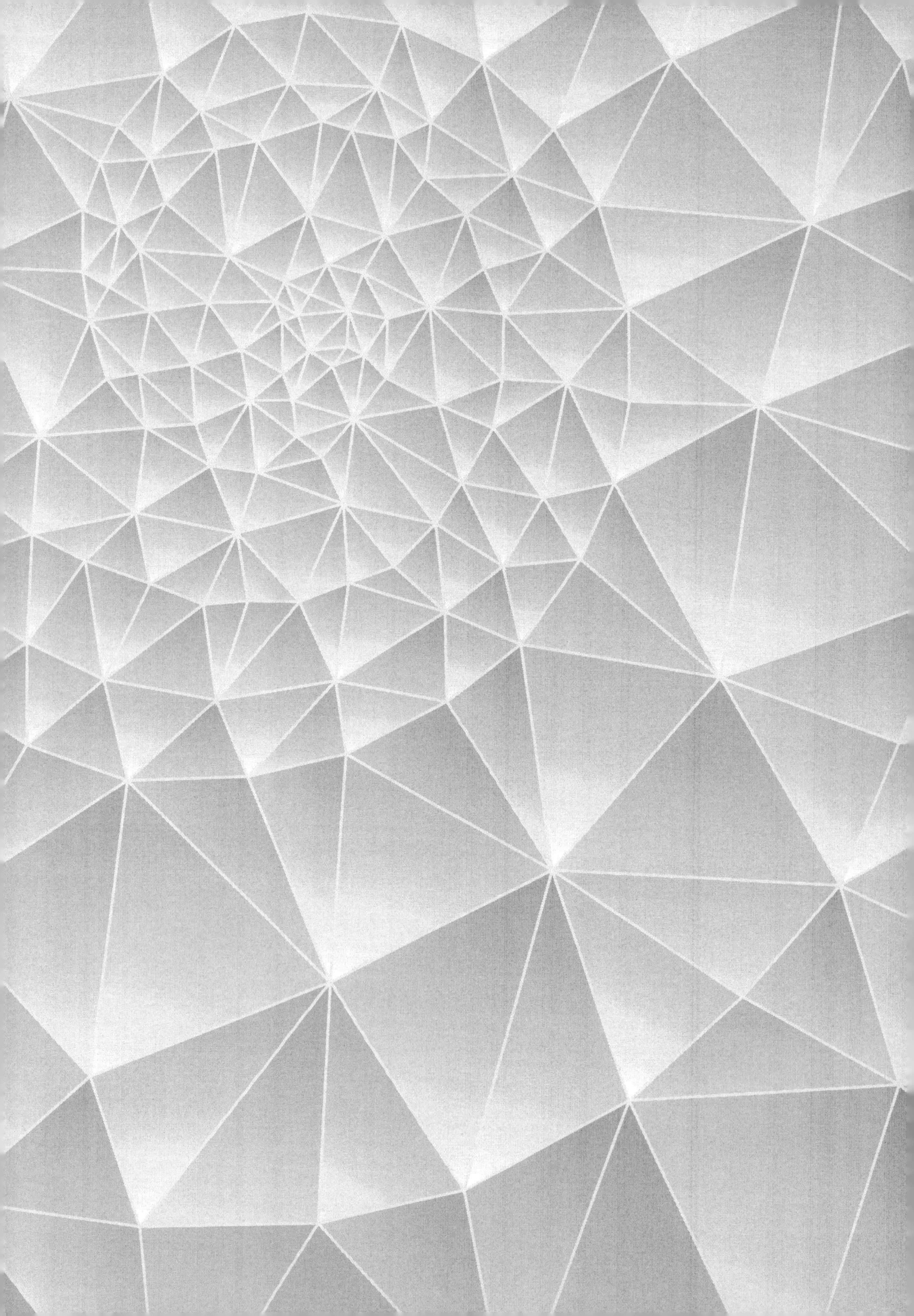

Sobre o autor

Carlos Alberto Maziozeki de Olivera, conhecido como Carlos Coruja, é formado em Matemática pela Universidade Federal do Paraná (UFPR), com aperfeiçoamento em Matemática para Professores também pela UFPR, aperfeiçoamento em Educação a Distância (EaD) pelo Centro Universitário Uninter e mestre em Matemática pela Universidade Tecnológica Federal do Paraná (UTFPR). É professor de Matemática de ensinos fundamental e médio, regular e supletivo e pré-vestibulares desde 1990. Atualmente, é autor de material didático para EaD, educação de jovens e adultos (EJA), cursos pré-vestibulares e para o Exame Nacional do Ensino Médio (Enem) e professor de cursos EaD.

Impressão:

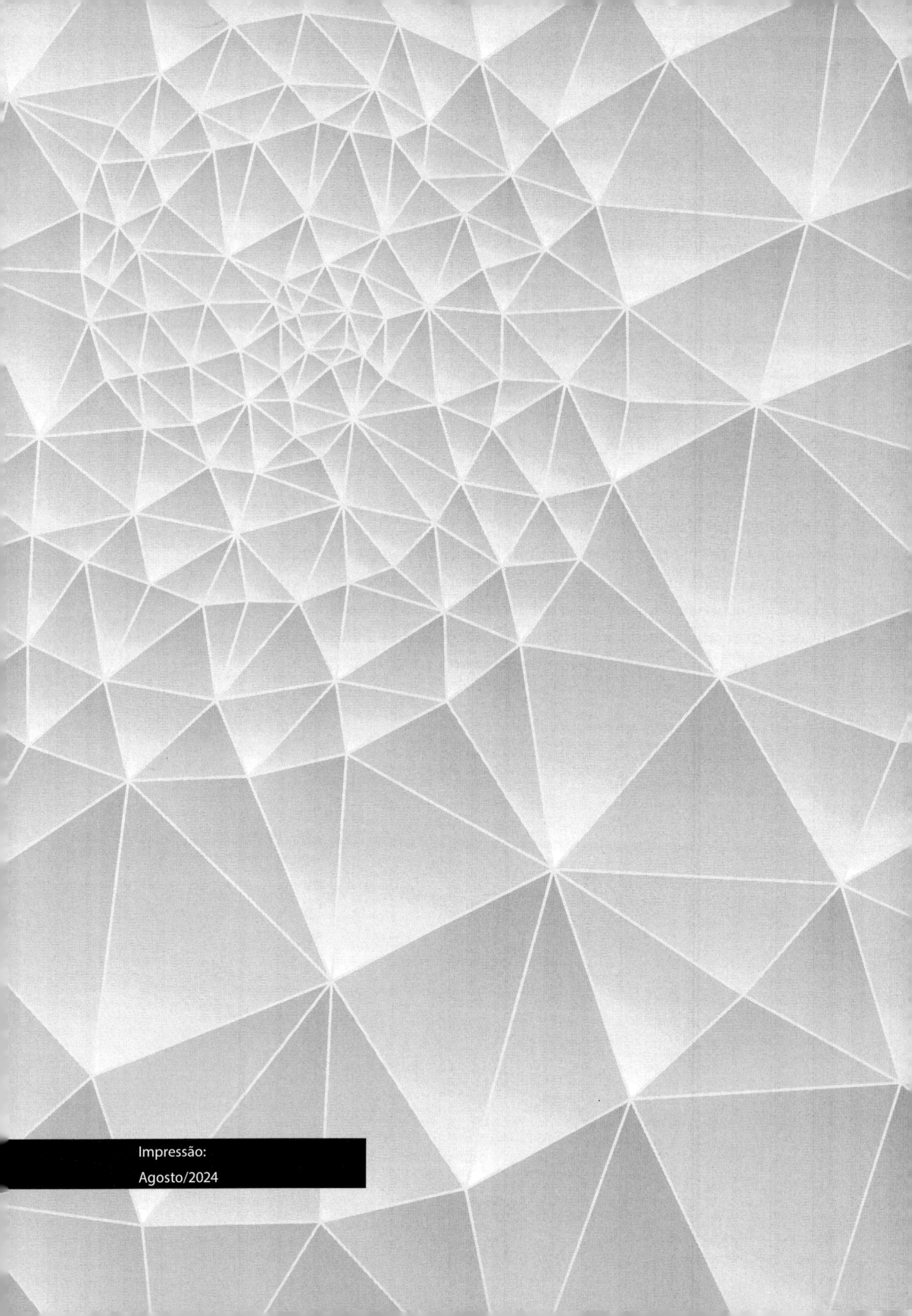

Agosto/2024